智能化融媒体新形态教材

C语言程序设计项目式教程

主 编 曹会国 陈 君 魏 强 赵 健

中国商务出版社
·北京·

图书在版编目（CIP）数据

C 语言程序设计项目式教程 / 曹会国等主编 . -- 北京：中国商务出版社，2023.3
ISBN 978-7-5103-4632-3

Ⅰ . ① C… Ⅱ . ①曹… Ⅲ . ① C 语言－程序设计－教材 Ⅳ . ① TP312.8

中国版本图书馆 CIP 数据核字（2022）第 255716 号

C 语言程序设计项目式教程

C YUYAN CHENGXU SHEJI XIANGMUSHI JIAOCHENG

曹会国　陈君　魏强　赵健　主编

出　　　版：	中国商务出版社
地　　　址：	北京市东城区安外东后巷 28 号　邮　编：100710
责任部门：	外语事业部（010-64283818）
责任编辑：	李自满
直销客服：	010-64283818
总　发　行：	中国商务出版社发行部（010-64208388　64515150）
网购零售：	中国商务出版社淘宝店（010-64286917）
网　　　址：	http://www.cctpress.com
网　　　店：	https://shop162373850.taobao.com
邮　　　箱：	347675974@qq.com
印　　　刷：	北京四海锦诚印刷技术有限公司
开　　　本：	787 毫米 ×1092 毫米　1/16
印　　　张：	11.5　　　　　　　　　字　数：265 千字
版　　　次：	2023 年 3 月第 1 版　　印　次：2023 年 3 月第 1 次印刷
书　　　号：	ISBN 978-7-5103-4632-3
定　　　价：	49.80 元

凡所购本版图书如有印装质量问题，请与本社印制部联系（电话：010-64248236）

版权所有盗版必究（盗版侵权举报可发邮件到本社邮箱：cctp@cctpress.com）

前言 PREFACE

  本书根据"围绕职业岗位能力，以项目为载体，采用任务驱动法"的教学原则，结合高等教育计算机类及其相关专业教学改革的成果，以及高等教育的实际情况和作者多年从事 C 语言程序设计教学经验编写。

  本书从工程教育的特点出发，根据高等教育改革的发展方向和应用型人才的培养目标，以 C 语言为基础，解决学习中存在的枯燥无味，学习后只懂基本知识，而不知道怎么运用的情况，本书从一个有趣味的问题开始，用任务的方式引入，讲解本任务的必备知识，加上任务实施的编程训练，让读者能深刻地理解任务要点，成功掌握项目内容。每个项目后附有实训与在线测试，帮助读者快速掌握 C 语言。

  本书共设计九个项目，项目由浅入深，由简单到复杂，使读者的编程水平和能力得到逐步提高。包含的知识点有 C 语言程序的基本结构和开发过程、数据类型、运算符和表达式、顺序程序设计和选择结构、循环结构、数组的使用、函数、指针、结构体和文件。本书代码详细，运行结果清晰，方便读者理解，帮助读者掌握编程方法和思想。

  本书为智能化融媒体新形态教材，含电子活页的拓展阅读和在线测试，读者可用微信扫描下面的微信二维码，获取本书的融媒体小程序，自行检查自己的测试情况，并可反复测试，直到获得满意的结果。利用本书配套的融媒体平台（https://zhjy.gxjccb.com）组织教学，教师可以了解教学班上每个学生的在线测试情况，同时还可以组织实时在线考试检查学生的知识掌握情况。

《C 语言程序设计项目式教程》
小程序码

本书由泰山学院物理与电子工程学院曹会国、陈君、魏强和赵健担任主编，由曹会国负责统稿。本书项目一至项目五由曹会国编写；项目六、项目七由陈君编写；项目八由魏强编写；项目九由赵健编写。

本书的出版得到中国商务出版社的大力支持，在此表示感谢！由于受水平和时间的限制，书中难免有疏漏和不足之处，恳请读者批评指正。

注：本书为山东省高等教育本科教学改革研究项目（项目编号：M2022177）。

编　者

2023 年 2 月

目录 CONTENTS

项目一　创建 C 语言编程环境 ·· 1

任务一　创建 VC++ 6.0 编程环境 ·· 1
一、C 语言的发展历程 ·· 2
二、C 语言的特点 ·· 2
三、C 语言程序的基本结构 ·· 3
四、C 语言编程环境创建步骤 ··· 3

任务二　编写"我爱你，中国！" ·· 8
一、主函数 ·· 9
二、C 语言程序的基本结构 ·· 10
三、书写规则 ·· 10
四、程序编写步骤 ·· 10

实训与练习 ·· 12

项目二　用 C 语言计算数学表达式 ·· 13

任务一　计算圆的周长和面积 ·· 13
一、数据类型 ·· 14
二、常量和变量 ··· 15
三、程序编写步骤 ·· 20

任务二　计算鸡兔同笼的问题 ·· 21
一、运算符与表达式 ··· 21
二、数据类型转换 ·· 22
三、算术运算符优先级 ·· 24
四、程序编写步骤 ·· 25

实训与练习 ·· 26

项目三　程序结构的数据和图形设计 ··· 27

任务一　输入任意三个整数，求它们的和及平均值 ··· 27

一、C 语言的语句 ··· 28
　　二、程序的三种基本结构 ·· 29
　　三、赋值语句 ··· 31
　　四、数据输入输出及在 C 语言中的实现 ·· 31
　　五、字符数据的输入输出 ·· 32
　　六、格式化输出与输入 ··· 33
　　七、程序编写步骤 ·· 36
　任务二　设计一个能计算两个数四则运算的计算器 ···························· 37
　　一、关系运算符和关系表达式 ··· 37
　　二、逻辑运算符和逻辑表达式 ··· 38
　　三、C 语言中的 if 语句 ··· 40
　　四、switch 语句 ··· 44
　　五、程序编写步骤 ·· 45
　任务三　用循环结构在屏幕上输出平行四边形图案 ···························· 47
　　一、循环结构程序设计 ··· 47
　　二、程序编写步骤 ·· 52
　实训与练习 ·· 53

项目四　用数组实现学生成绩统计 ··· 55

　任务一　用一维数组实现学生成绩的统计 ··· 56
　　一、一维数组 ··· 56
　　二、程序编写步骤 ·· 58
　任务二　实现一个班级学生多科成绩统计，并计算平均分 ···················· 60
　　一、二维数组 ··· 60
　　二、程序编写步骤 ·· 62
　实训与练习 ·· 64

项目五　使用函数顺序显示字母 ·· 65

　任务一　以一定的时间间隔顺序显示字母 ··· 65
　　一、函数的概念 ··· 66
　　二、函数的分类 ··· 66
　　三、函数的定义 ··· 68
　　四、函数的参数和函数的值 ·· 71
　　五、函数的调用 ··· 73
　　六、程序编写步骤 ·· 77
　任务二　计算一个长方体的体积和三个面的面积 ·································· 79
　　一、局部变量和全局变量 ·· 79

二、变量的存储类型 ·· 83
　　三、内部函数和外部函数 ·· 89
　　四、程序编写步骤 ·· 91
实训与练习 ··· 92

项目六　求一个字符数组的长度 ··· 93

任务一　输入三个整数，依次排序 ··· 94
　　一、指针的概念 ·· 94
　　二、指针变量的定义 ··· 94
　　三、指针的运算和使用 ·· 95
　　四、程序编写步骤 ·· 95
任务二　求一个字符数组的长度 ··· 97
　　一、指针与数组 ·· 97
　　二、指针与字符串 ·· 101
　　三、指针与函数 ·· 104
　　四、程序编写步骤 ·· 105
实训与练习 ·· 106

项目七　多样的信息管理系统 ··· 107

任务一　建立一个图书信息表 ·· 108
　　一、结构体 ·· 108
　　二、结构体变量 ·· 110
　　三、结构体数组 ·· 113
　　四、结构体指针 ·· 116
　　五、程序编写步骤 ·· 118
任务二　建立一个学生信息数据的链表 ································· 120
　　一、链表 ··· 120
　　二、程序编写步骤 ·· 123
任务三　设计一个一次只能装一种水果的罐头瓶 ······················ 126
　　一、共用体 ·· 126
　　二、程序编写步骤 ·· 129
任务四　制作水果拼盘 ·· 130
　　一、枚举类型 ··· 130
　　二、程序编写步骤 ·· 132
实训与练习 ·· 133

项目八 文件的读写操作 ········ 135

任务一 读取文件数据，处理后输出到另一个文件 ········ 135
一、文件概述 ········ 136
二、文件指针及文件的操作 ········ 137
三、文件的顺序读写 ········ 141
四、程序编写步骤 ········ 146

任务二 将指定数据读取到文件中 ········ 147
一、数据块读写函数 fread 和 fwrite ········ 147
二、格式化读写函数 fscanf 和 fprintf ········ 149
三、文件的其他函数 ········ 151
四、程序编写步骤 ········ 153

实训与练习 ········ 154

项目九 学生基本信息管理系统 ········ 155

编写程序实现学生基本信息管理系统 ········ 156
一、创建工程文件 ········ 156
二、创建源程序文件 ········ 156
三、编写程序 ········ 156
四、编译运行程序 ········ 160

实训与练习 ········ 162

附录 A 学习 C 语言中常出现的错误 ········ 163

附录 B 全国计算机二级考试 C 语言程序设计考试大纲（2023 年版） ········ 170

附录 C 全国计算机等级考试二级公共基础知识考试大纲（2023 年版） ········ 173

参考文献 ········ 175

项目一　创建 C 语言编程环境

学习目标

1. 了解 C 语言的相关知识。
2. 掌握 C 语言程序的基本结构。
3. 熟悉掌握上机软件 Visual C++ 6.0（以下简写为 VC++ 6.0）的使用。

课程思政

夏培肃——为中国计算机发展筑牢根基

夏培肃（1923—2014）是中国科学院院士、计算机专家。新中国成立初期，我国电子计算机领域还是一片空白。1952 年，夏培肃就积极倡导推动计算机事业的发展，她逆境励志，自强不息，孜孜不倦的探索精神，严谨治学、创新求实的思想，淡泊名利，甘为人梯的品质，为我们树立了做人、做事、做学问的榜样，是我们取之不尽、用之不竭的精神财富。

夏培肃——为中国计算机发展筑牢根基

项目描述

本项目将学习 C 语言的基本知识，完成 C 语言编程环境的创建和使用。并自己编写第一个 C 语言程序"我爱你，中国！"。

任务一　创建 VC++ 6.0 编程环境

任务说明

VC++ 6.0 编程软件，是美国微软公司推出的一个功能强大的可视化软件开发工具，可以帮助 C 语言初学者快速上手。

必备知识

一、C语言的发展历程

在 C 语言出现之前，包括操作系统在内的一些系统软件，主要用汇编语言编写。汇编语言是一种低级语言，最接近于硬件，可以对硬件施加控制和操作，执行速度最快，能充分发挥机器的潜能，汇编语言程序这些特点都是开发系统软件不可缺少的。但是，汇编语言编程难度大，调试也较难，可读性和移植性都较差。与此相反，高级语言却有着编程容易、调试方便、可读性和移植性好的优点。C 语言就是在这一背景下问世的。

1972 年贝尔实验室的布朗 .W. 卡尼汉和丹尼斯 .M. 利奇两人（简称 K&R），在原有语言的基础上，加进了许多程序设计功能，提供了更丰富的数据类型，并以"C"命名该语言。随后，K&R 两人合作，用 C 语言改写了 UNIX 操作系统。而后 C 语言又从 UNIX 的程序设计语言发展成为通用的程序设计语言。C++ 是在 C 基础上扩充了面向对象的程序设计语言。C++ 采取与 C 完全兼容的策略，C 是 C++ 的子集。目前 C 和 C++ 已经成为最流行的主流程序设计语言。

1978 年，K&R 出版了《The C Programming Language》一书，建立了 C 语言标准，因为微型计算机的普及，各种 C 编译系统实用版本纷纷出现，为了使 C 程序之间能够交流。1983 年，美国标准化协会（ANSD）成立了一个委员会，制定了 C 语言标准，称为 ANSI C，该标准于 1987 年进行了完善，目前流行的各种 C 编译系统都是以它为基础的。

目前，在微型计算机上广泛使用的 C 编译系统都是遵从 ANSI C 标准，不同的编译系统、不同版本可能有些差异，因此在具体使用时需要参阅相关手册。

二、C语言的特点

（1）C 语言更接近于硬件，能直接访问内存地址，进行字、字节和位操作，目标代码执行速度非常快，适合编写系统软件、实时控制、图形处理、文字编辑等实用程序，还具有一般高级语言的易读、易写、易查错、易维护的特点，因此也能编写科学计算、数据处理等方面的应用程序。

（2）C 语言是一种结构化程序设计语言。结构化程序设计主张程序模块化，一个大程序由若干模块构成，这种结构化方式可使程序层次清晰，便于使用、维护以及调试。

（3）C 语言数据类型丰富。C 语言基本类型有字符型、整型、实型，在此基础上，用户还可构造各种类型，如数组、结构和联合等。

（4）C 语言运算符丰富。通过运算符构成的 C 表达式灵活、多样、功能非常强，不仅有高级语言拥有的四则运算、逻辑运算符，还有以二进制位（bit）为单位的运算符等。

（5）C 语言移植性好。C 语言编写的程序可以不加修改就能从一种机器移植到另一种机器上。

（6）C语言适用范围广。C语言适合于多种操作系统，也适用于多种机型。

三、C语言程序的基本结构

先介绍一个简单的C语言程序，再结合这些程序对其语法进行说明，以便使读者对C语言程序的基本结构有一个概括的了解。程序结构是指程序的组织形式，是程序的骨架，程序本身可以改变，但是程序的组织形式不能随意变动。

下面通过例子来分析一下C语言程序的基本结构。

例：第一个C语言"Hello, World!"的程序。

```
#include<stdio.h>          /* 包含输入输出头文件 */
int main()                 /* 主函数 */
{
    printf("Hello,World!\n");
    return 0;
}
程序运行的结果如下：
Hello,World!
```

其中的main表示"主函数"，每一个C程序都必须有一个主函数即main函数，而且只能有一个。函数体由大括弧{}括起来，这种括号必须成对出现，缺少任意一个都会产生错误。本例中的主函数内只有一个输出语句printf（printf是C语言中的输出函数）。双引号中的字符串"Hello，World！"被原样输出。"\n"是换行符，即在显示"Hello，World！"之后回车换行，将光标移动到下一行。语句最后还有一个分号，在C语言中用来表示一个语句的结束，这在C语言中是必须存在的。第一行#include<stdio.h>为编译预处理命令行，表示把头文件"stdio.h"包含到程序中，这样可以使用系统提供的printf等库函数。

▶ 任务实施

四、C语言编程环境创建步骤

（一）下载软件

对于初学者来说，绿色版安装使用起来相对简单，可通过网上搜索来下载。

（二）安装VC++ 6.0

将下载的VC++ 6.0.rar解压后，可看到如图1-1（a）所示的目录文件，右击"sin.bit"以管理员身份运行，在桌面上会自动创建一个VC6的快捷图标，如图1-1（b）所示。

电脑系统是 Windows 7，VC6 可以正常运行，如果系统是 Windows 10 或 Windows 11，VC6 与系统不兼容，需要修改设置进行兼容性调整。在桌面找到 VC6 的图标，鼠标右击，进入"属性"，在目标框的最后找到"MSDEV.EXE"修改为"MSDEVL.EXE"，如图 1-2（a）所示，单击"打开文件所在的位置"，找到"MSDEV.EXE"，修改为"MSDEVL.EXE"，如图 1-2（b）所示，在"属性/兼容性"中找到"Windows XP（Service Pack 2）"，选中"以管理员身份运行"确定，如图 1-2（c）所示，假如还出现不兼容，重复此操作。设置完成后，双击 VC6 在桌面的快捷图标进入开发环境，如图 1-3 所示。

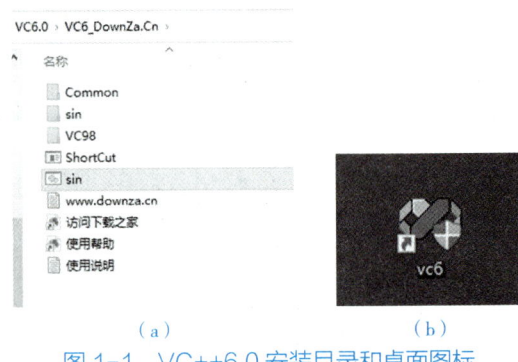

图 1-1　VC++6.0 安装目录和桌面图标

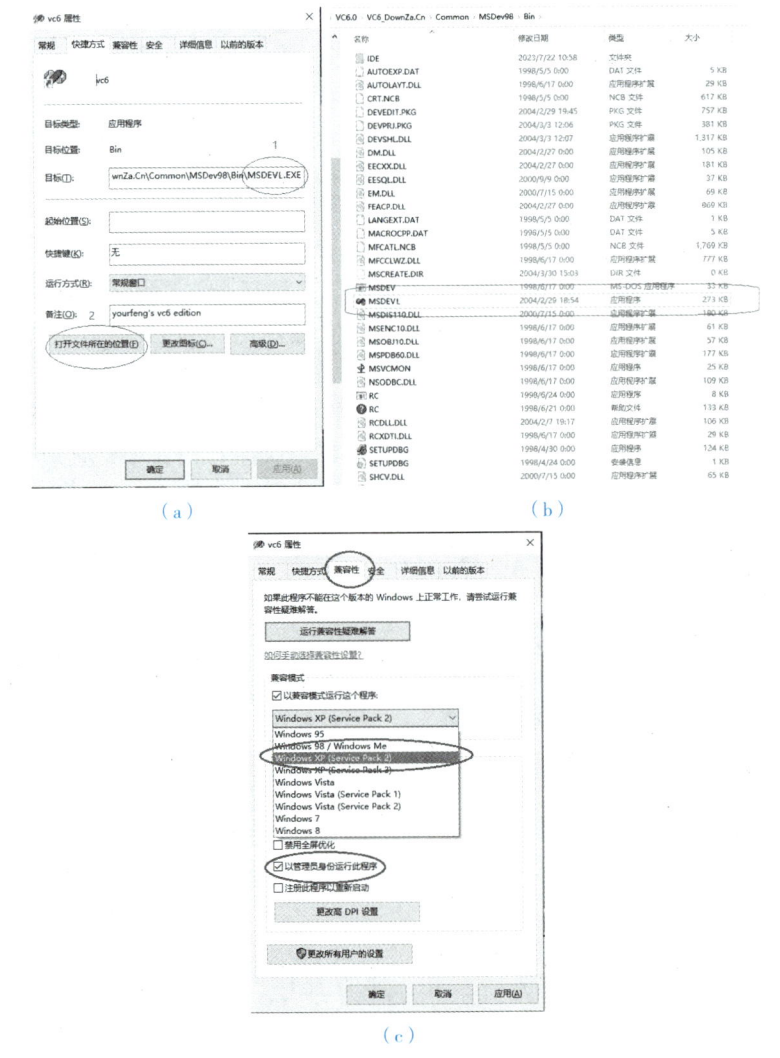

图 1-2　VC++6.0 兼容性修改

项目一　创建 C 语言编程环境

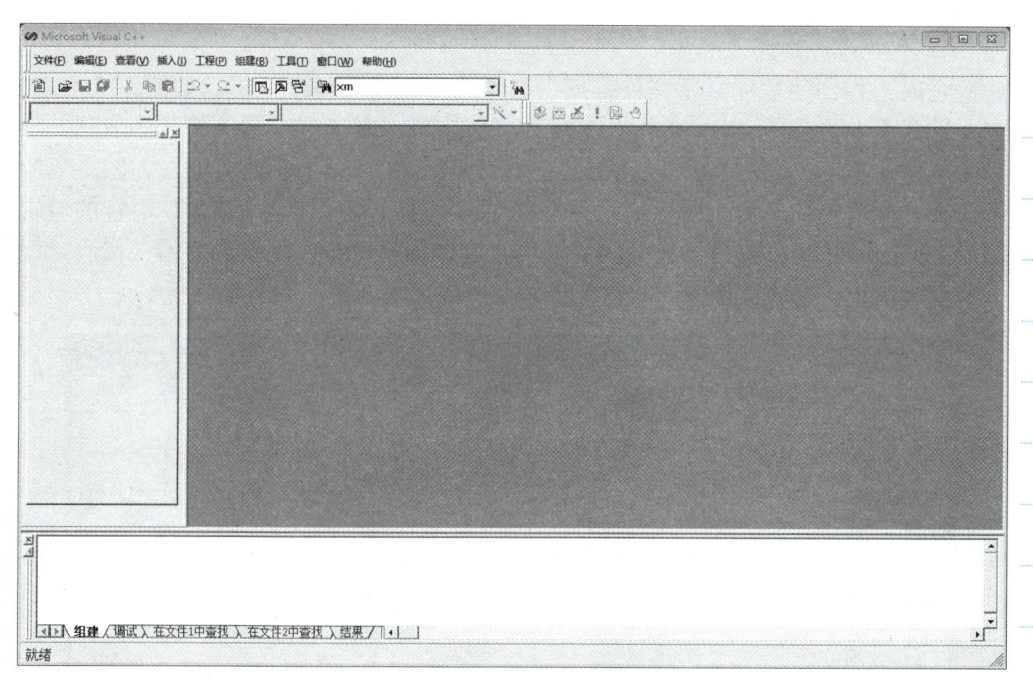

图 1-3　VC++ 6.0 开发环境

（三）在 VC++ 6.0 环境中建立新程序和运行程序

1．建立新程序

VC++ 6.0 的菜单和命令与 Windows 操作系统中程序窗口非常相似，打开 VC++ 6.0 程序进入如图 1-3 所示的主窗口中，单击"文件"菜单"新建"命令，屏幕上弹出"新建"对话框，如图 1-4 所示。在工程列表中，选择"Win32 Console Application"，在名称文本框中，输入新工程的名称，如"工程 1"，单击"确定"按钮，完成工程的创建。

图 1-4　创建工程

2. 创建新文件

完成工程创建后建立新文件，点击文件弹出新建文件对话框，如图 1-5 所示。在文件列表中，选择"C++ Source File"，在文件名文本框中，输入源程序名称，如"hello.c"，单击"确定"按钮，完成文件的创建，进入编写程序界面，如图 1-6 所示，在光标闪烁的位置，可以输入一个程序；在输入程序时会发现，C 语言的包含命令 #include 会变成蓝色，注释会变绿色，这样用户就会发现输入的错误代码，便于检查和改正；完成程序输入后，单击保存按钮保存文件，如图 1-7 所示。

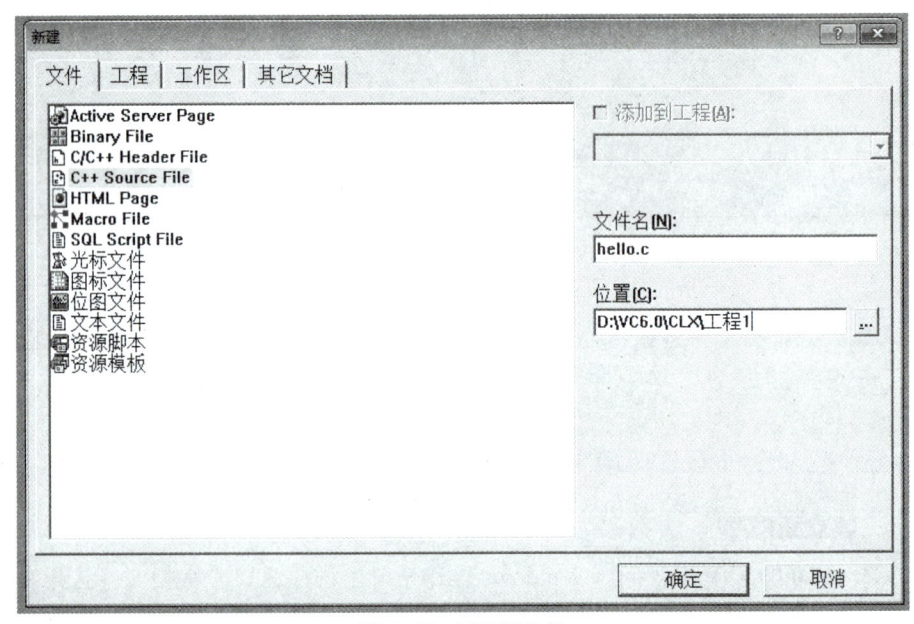

图 1-5 创建新文件

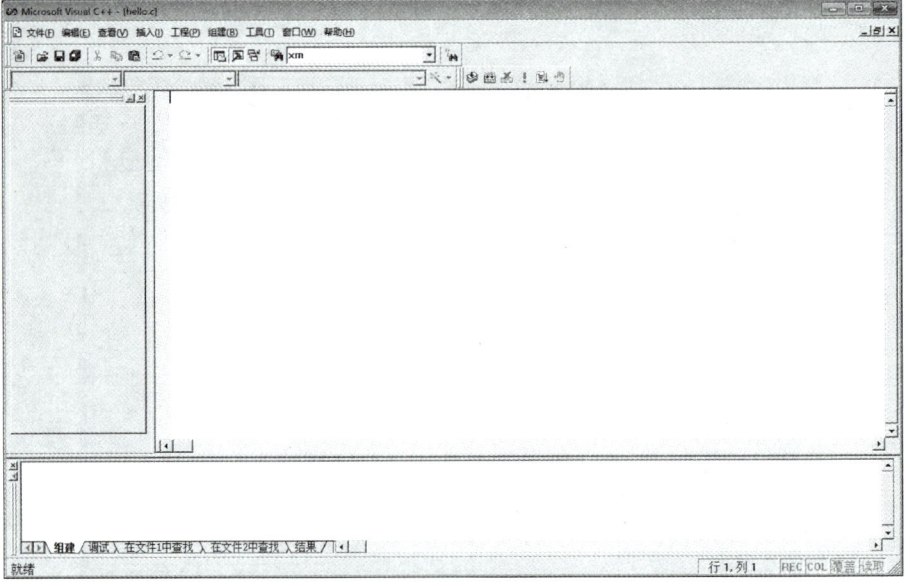

图 1-6 编写程序界面

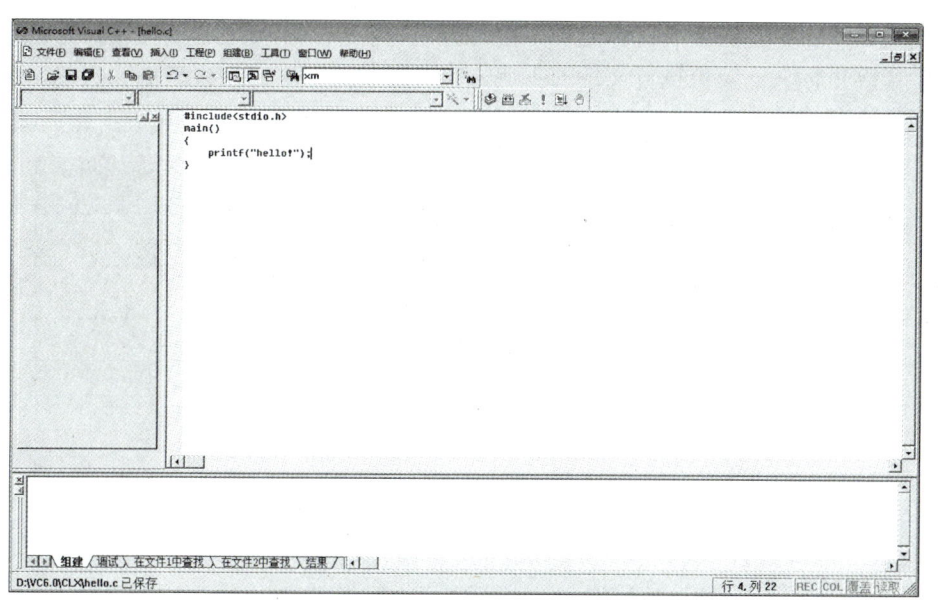

图 1-7　写完程序保存后的状态

3．编译、链接和运行

编写程序后，用编译器检查是否有错误。单击"组建"菜单"编译"命令，或单击工具栏上的"编译"图标，也可按快捷键【Ctrl+F7】。此时会弹出如图 1-8 所示的对话框，单击"是"按钮。

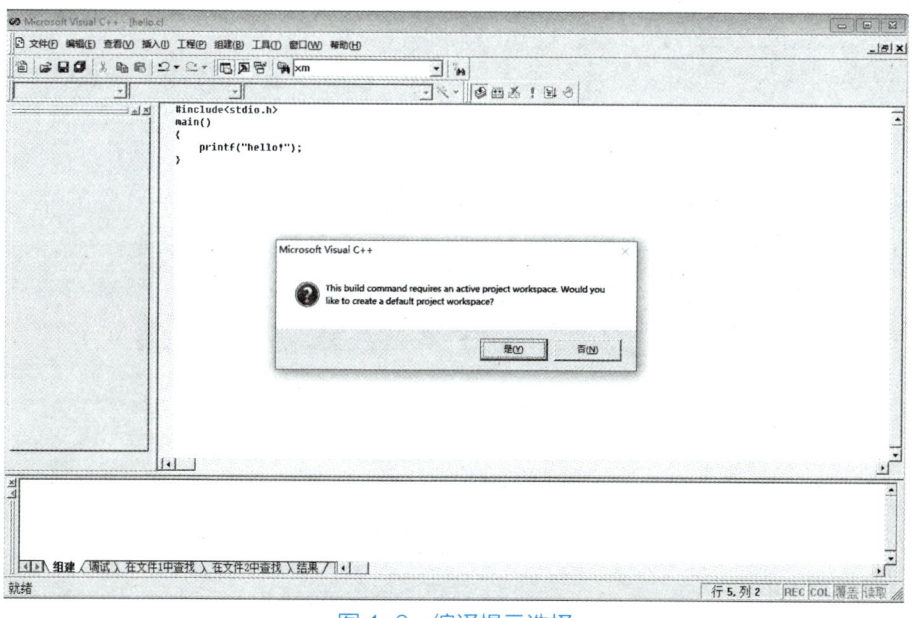

图 1-8　编译提示选择

编译结束后，系统会在主窗口下方的调试信息窗口输出编译的信息，如图 1-9 所示。如果程序中存在语法错误，系统会指出错误的位置和性质，并统计错误和警告的个数；语法错误分为 error 和 warning 两类。error 是一类致命错误，程序中如果有此类错误，则无法生成目标文件，更不能执行。warning 是相对轻微的一类错误，不会影响目标文件及可执行文件的生成，但可能影响程序的运行结果。因此，建议最好把所有的错误（无论是 error 还是 warning）都修正。

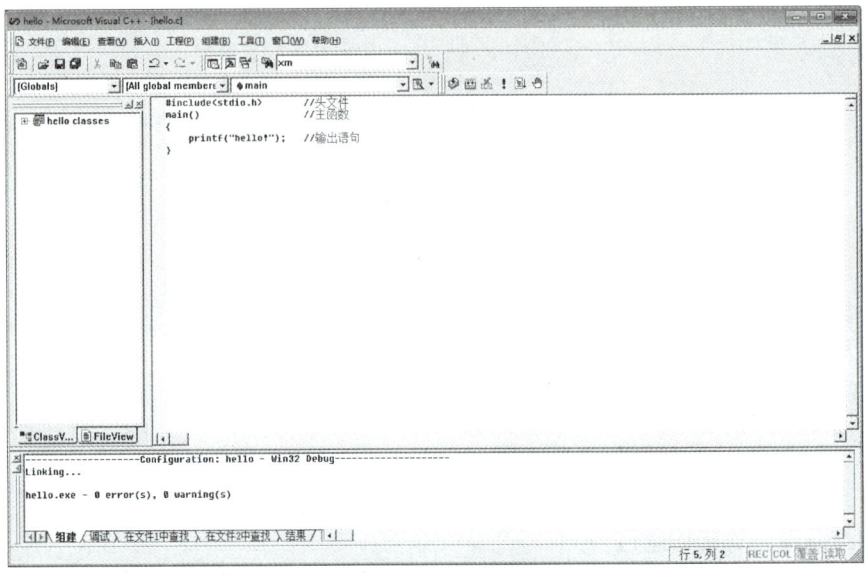

图 1-9　编译结果

如果编译没有错误，在得到目标程序（如 hello.obj）后，就可以对程序进行组建，单击"组建"菜单"组建"命令或直接按快捷键【F7】，或单击工具栏上的"组建"图标，生成应用程序的 .exe 文件（如 hello.exe）。

组建完成后，单击"组建"菜单"执行"命令或直接按快捷键【Ctrl+F5】，或单击工具栏上的"执行"图标。此时，系统将会弹出一个新的 DOS 窗口，如图 1-10 所示。

图 1-10　输出"hello！"

任务二　编写"我爱你，中国！"

任务说明

初步学习 C 语言程序结构，用 main 函数，printf 函数，编写第一个程序，输出"我爱你，中国！"。

必备知识

一、主函数

main 表示"主函数"，每一个 C 程序有且只有一个 main 函数。花括号括起来的部分是 main 函数的函数体。printf 是 C 语言编译系统提供的一个标准输出函数，printf 的作用是把圆括号中用双引号（" "）括起来的字符串原样显示输出。"\n"是换行符，其作用是显示输出字符串后将光标移到下一行的行首位置。

例： 从键盘输入两个整数，求它们的最大值。

```c
#include<stdio.h>
int max(int x,int y);                /* 数声明 */
int main(){
    int x,y;                         /* 定义两个整数 */
    printf("请输入两个整数:");
    scanf("%d%d",&x,&y);
    int z=max(x,y);                  /*max 数求最大值 */
    printf("两个整数中的最大值为:%d\n",z);/* 打印最大值 */
    return 0;
}
int max(int x,int y){                /* 定 max 数实现求最大值 */
    if(x>y){
        return x;
    } else {
        return y;
    }
}
程序运行情况如下：
输入 6 8< 回车 >
max=8
```

本程序包括两个函数：main 函数和 max 函数，main 函数调用 max 函数，故 main 函数称为主调函数，max 函数称为被调用函数。

在程序中，每行尾部 /*....*/ 部分为程序的注释部分，只起注解作用。第 4 行定义了 x，y 2 个变量，它们是整型变量，可以存放整数。第 6 行 scanf 是 C 语言编译系统提供的输入函数，能接收用户从键盘输入的两个整数，并分别保存到变量 x 和 y 中。"%d，%d"是格式控制符，指明从键盘输入整数，"&x，&y"是输入表列，指明输入对象。

printf 输出语句，双引号内其他字符原样输出，当遇到一个输出格式控制符"%d"时，就要到双引号的后面寻找一个对应的输出对象，把该输出对象以整数形式显示输出。

二、C 语言程序的基本结构

一个 C 程序有且只有一个主函数（main 函数），可以只由一个 main 函数组成，也可以由一个 main 函数和其他一个或多个函数组成，函数是 C 程序的基本单位，一个函数由函数的说明部分和函数体组成。

（1）函数的说明部分包括函数名、函数（返回值的数据）类型、函数参数（形参）名、数据（形参）类型。

（2）函数体即函数说明部分后面的花括号 {......} 内的部分。函数体中一般应包括变量定义和执行部分。

①变量定义：变量在使用之前必须先定义其数据类型，未经定义的变量不能使用。

②执行部分：它由若干语句组成，指明在函数中要执行的一些操作，函数的作用和功能主要由函数体中的操作语句决定。函数体可以为空。

每个语句和数据定义的最后必须有一个分号，分号是 C 语句的必要组成部分。

可以用 /* */ 对程序中的任何部分加以注释。注释的作用有 2 种

（1）提高程序的可读性，方便自己或别人阅读程序。

（2）用于程序调试，当不希望源程序中的某一部分起作用时，可以在该部分的前后分别加上"/*"和"*/"。

三、书写规则

（1）C 语言严格区分英文字母大小写，通常用小写字母，关键字必须采用小写。但是，某些情况下也可以用大写字母，一般大写字母用来定义符号常量。

（2）C 源程序也是由一个个语句组成的。语句用"；"作为结束符。语句后的分号不可少。

（3）C 语言中的花括号"｛"和"｝"必须配对使用。"｛"和"｝"用来标定一个函数的范围或一个复合语句的范围。

（4）可读性要强。一个程序，首先保证是正确的，其次是可读性强。

①每个语句最好占一个程序行位置，即一行只写一个语句。

②合理地使用注释。

任务实施

四、程序编写步骤

（一）创建或打开工程文件

打开 VC++ 6.0 集成开发环境，选择"文件"—"新建"菜单命令，弹出新建

工程对话框，在工程列表中，选择"Win32 Console Application"，在工程名称文本框中，输入新工程的名称"c_paint1"，单击"确定"按钮，完成工程的创建，如图1-11 所示。当然也不是每次都需要创建工程，如果在原有的工程中创建源程序文件，那么只需要打开原有工程。

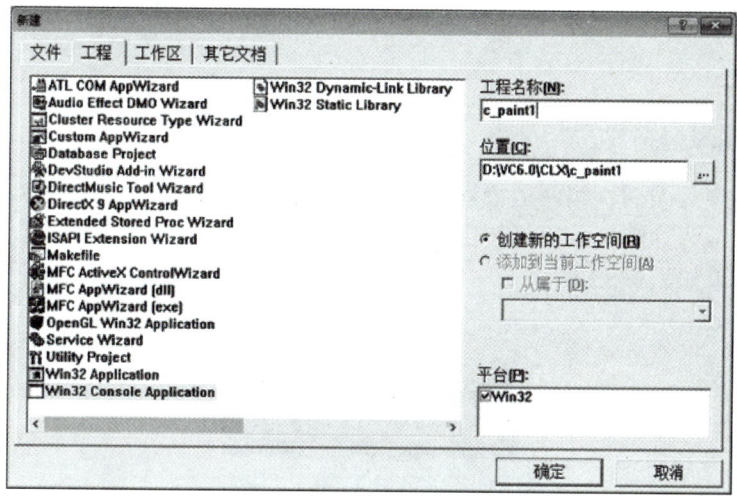

图 1-11　新建工程对话框

（二）创建源程序文件

选择"文件"—"新建"菜单命令，弹出新建文件对话框，在文件列表中，选择"C++ Source File"，在文件名文本框中，输入源程序名称"c_part1"，单击"确定"按钮，完成文件的创建，如图 1-12 所示。

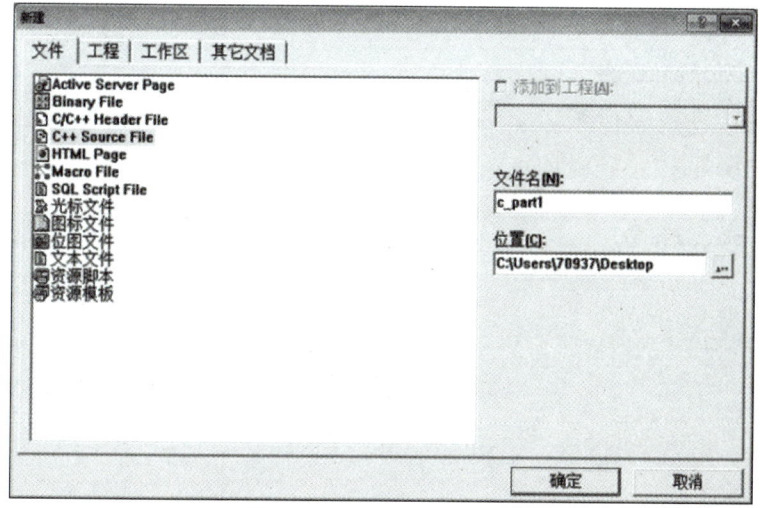

图 1-12　新建文件对话框

（三）编写程序

在编辑器中输入如下代码。

```c
#include<stdio.h>
int main(){
printf("我爱你，中国!\n");
return 0;
}
```

（四）编译运行结果

程序检查无误后，编译运行程序，单击"组建"菜单"编译"命令，或单击工具栏上的"编译"图标，也可按快捷键【Ctrl+F7】。会弹出对话框，单击"是"按钮。运行结果如图 1-13 所示。

图 1-13　输出"我爱你，中国!"

实训与练习

1. 参照本项目，编写一个 C 语言程序，显示输出一下结果：
Happy New year!
新年快乐！

2. 下面这段代码是让计算机在屏幕上输出"OK!"。其中有 5 个错误，快来改正吧！

```c
#includ<stdio.h>
  int mian()
  {
   print(OK!)
   return 0;
  }
```

项目二　用C语言计算数学表达式

学习目标

1. 掌握C语言的基本数据类型。
2. 掌握C语言的数据操作。
3. 掌握数学表达式转换成C语言的表达式的方法。

课程思政

打牢基础，积小流成江海

计算机语言的学习要从基础学习开始，基础牢固的人，才能逐步积累各种知识和技能，提高编程能力。

打牢基础，积小流成江海

项目描述

本项目将学习C语言的数据类型和数据操作，实现数学表达式的转换，计算出一系列的数学表达式。

任务一　计算圆的周长和面积

任务说明

本任务需要计算圆的周长和面积，首先需要设未知数。在C语言中设未知数就是要定义变量。定义变量就涉及命名的问题，C语言中对标识符的命名是如何规定的，这是必须要了解和掌握的。

必备知识

一、数据类型

程序处理的对象是数据，一种计算机语言的数据类型越丰富，其处理功能就越强大，C 语言中用到的每一个常量、变量及函数等都是程序的基本操作对象，每种数据类型表明了可能的取值范围、能对其进行的运算、在内存中占用的存储空间。

在 C 语言中，每个变量在使用之前必须定义其数据类型。C 语言有以下几种类型：整型（int）、浮点型（float）、字符型（char）、指针型（*）、空类型（void）、结构体（struct）、共用体（union）等，如图 2-1 所示。在编写程序时，要对数据类型进行明确的说明。

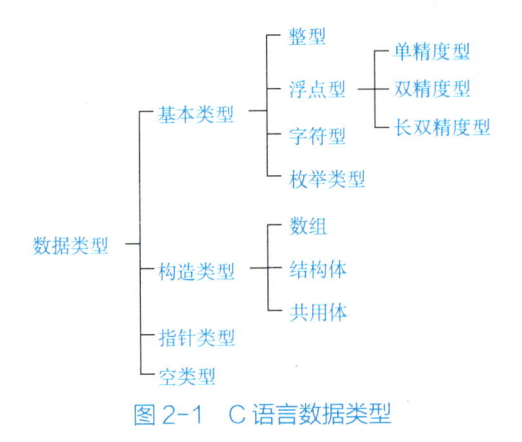

图 2-1 C 语言数据类型

为了学习起来方便，且根据实际操作，先学习 C 语言的三种基本数据类型：整型（int）、浮点型（float）和字符型（char）。

（一）整型（int）

整型可分为四种：基本型、短整型、长整型和无符号整型。

（1）基本型：以 int 表示。

（2）短整型：以 short int 或 short 表示。

（3）长整型：以 long int 或 long 表示。

（4）无符号整型：无符号型的整数必须是正数或零。无符号型又可细分为无符号整型、无符号短整型和无符号长整型，分别以 unsigned int、unsigned short int 和 unsigned long int 表示。

C 语言标准没有具体规定以上各类数据所占内存字节数，只要求 long 型数据长度不短于 int 型，short 型不长于 int 型。具体占的内存数，因具体机器而异。如在 Turbo C 环境中 int 和 short 都是 16 位，而在 VC++6.0 中占 32 位。

表 2-1 列出标准定义的整数类型和有关数据。表中所列出的"最小取值范围"是指不能低于此值，但可以高于此值。

无符号数在内存中存放时二进制数的最高位不是符号位，而有符号数在内存中以补码的形式表示，其最高位是 1 时表示负数，最高位是 0 时表示非负数。

表 2-1　整型数据

名称	类型	所占位数	最小取值范围
基本整型	int	16	−32 768 ～ 32 767
短整型	short int	16	−32 768 ～ 32 767
长整型	long int	32	−2 147 483 648 ～ 2 147 483 647
无符号基本整型	unsigned int	16	0 ～ 65 535
无符号短整型	unsigned short int	16	0 ～ 65 535
无符号长整型	unsigned long int	32	0 ～ 4 294 967 295

（二）浮点型（float）

浮点型用来表示实数数据。浮点型数据又分为单精度浮点（float）、双精度浮点（double）和长双精度型（long double）。单精度浮点型的字长占 4 个字节，共 32 位二进制数；双精度浮点型的字长占 8 字节，共 64 位二进制数；长双精度浮点的字长占 16 字节，共 128 位二进制数，具体数据见表 2-2。

表 2-2　浮点型数据

名称	符号	所占位数	有效数字	范围
单精度浮点型	float	32	6 ～ 7	3.4×10^{-38} ～ 3.4×10^{38}
双精度浮点型	double	64	15 ～ 16	1.7×10^{-308} ～ 1.7×10^{308}
长双精度浮点型	long double	128	18 ～ 19	1.2×10^{-4932} ～ 1.2×10^{4932}

（三）字符型数据（char）

C 语言的字符型数据用 char 表示，在计算机中以其 ASCII 码方式表示，其长度为 1 个字节，占 8 位二进制数，有符号字符型数取值范围为 −128 ～ 127，无符号字符型数取值范围是 0 ～ 255。

二、常量和变量

（一）常量

常量是指在程序运行过程中，其值不能被改变的量。常量包括整型常量、浮点型常量、字符常量、字符串常量和符号常量。

1．整型常量

整型常量即整型常数，是由一位或多位数字组成，可以带正负号，按不同的进制区分，整型常数有 3 种表示方法。

（1）十进制数：以非 0 开始的数，例如，220，−560，45900。

（2）八进制数：以数字 0 开始的数，例如，06，0106，05766。
（3）十六进制数：以 0X 或 0x 开始的数，例如，0X0D，0XFF，0x4e。

另外，可在整型常数后添加一个"L"或"I"字母表示该数为长整型数，如 22L，0773L，0Xac4I，整型常量见表 2-3。

表 2-3 整型常量

名称	前置符号标志	构成	示例
十进制	无	0～9，正负号	12，-51
八进制	0	0～7，正负号	06，027，-021
十六进制	0x	0～9，a～f，正负号	0x303，0XFF

2．浮点型常量

实数（real number）又称浮点数（floating-point number）。浮点型常量的表示有十进制形式和指数形式 2 种，常数都是合法的浮点常量，例如：+29.56，-56.33，-6.8e-18，6.36e5。其中，后两种数采用指数形式，分别表示 -6.8×10^{-18} 和 6.36×10^5，浮点型常量应注意以下规范。

（1）浮点常数没有十六进制和二进制表示形式。
（2）所有浮点常量都被默认为 double。
（3）绝对值小于 1 的浮点数，其小数点前面的零可以省略。例如：0.22 可写为 .22，-0.015E-3 可写为 -.015E-3。
（4）C 默认格式输出浮点数时，最多只保留小数点后六位。
（5）指数形式的浮点常量 E 或 e 前面必须有数字，E 或 e 后面必须是整数。例如：e18，6.36e5.8 都不是合法的浮点常量。

一个实数可以有多种指数表示形式。例如，123.456 可以表示为 123.456e0、12.3456e1、1.23456e2、0.123456e3、0.0123456e4 等。把其中的 1.23456e2 称为"规范化的指数形式"，即在字母 e 之前的小数部分中，小数点左边应有一位（且只能有一位）非零的数字。一个实数在用指数形式输出时，是按规范化的指数形式输出的。例如，指定将实数 5689.65 按指数形式输出，必然输出 5.68965e+003，浮点型常量表示方式见表 2-4。

表 2-4 浮点型常量的表示方式

表示方式	符号标志	构成	示例	规则
十进制小数	小数点"."	0～9，正负号和小数点	1.15，.25，-3.5	必须有唯一的小数点
指数	e 或 E	0～9、正负号、e 或 E	e18，2.5e3	字母 e 或 E 的前面必须有数，e 或 E 的后面必须为整数

3．字符常量

字符型常量是用单引号括起来的一个字符。如 'x'、'D'、'2'、'?'、'$' 等都是字符常量。注意，'a' 和 'A' 是不同的字符常量。

除了以上形式的字符常量外，C 语言中允许用一种特殊形式的字符常量，就是以一个"\"开头的字符序列。常用的以"\"开头的特殊字符，即转义字符，意思是将反斜杠"\"后面的字符转换成另外的意思，转义字符及其含义见表2-5。

表2-5 转义字符及其含义

字符形式	含义
\n	换行，将当前位置移到下一行开头
\t	水平制表（跳到下一个tab位置）
\b	退格，将当前位置移到前一列
\r	回车，将当前位置移到本行开头
\f	换页，将当前位置移到下页开头
\\	代表一个反斜线字符'\'
\ddd	1到3位8进制数所代表的字符
\xhh	1到2位16进制数所代表的字符

4．字符串常量

对于字符串常量，一般用双引号括起来的零个或多个字符序列。如"Hello VC6.0"、"$123.45"都是字符串常量。字符串在计算机中存放时每一个字符占一个字节，编译程序自动地在每一个字符串末尾添加串结束符"\0"，因此所需要的存储空间比字符串的字符个数多一个字节。

不要将字符常量与字符串常量混淆。'a'是字符常量，"a"是字符串常量，二者不同。

5．符号常量

符号常量是指用符号代表某个常量。例如：#define PI 3.14，就是定义PI作为符号常量，其值为3.14，且在程序中，PI的值不能再改变。

（二）变量

1．变量概念及要素

在程序运行过程中，其值可以被改变的量称为变量。

（1）变量名：每个变量都必须有一个名字即变量名，变量命名遵循标识符命名规则。

标识符（identifier）是用来标识变量名、符号常量名、函数名、数组名、类型名、文件名的有效字符序列。简单地说，标识符就是一个名字。

C语言规定标识符只能由字母、数字和下划线三种字符组成，且第一个字符必须为字母或下划线。下面是合法的标识符和变量名。

sum,Class,day,Student_ame,tan,lotus_1,BASIC,li_ling

下面是不合法的标识符和变量名。

```
M.D.John,$123,#33.3D64,a>b
```

大写字母和小写字母被认为是两个不同的字符。sum 和 SUM，Class 和 class 是两个不同的变量名。一般变量名用小写字母表示，建议变量名的长度不要超过 8 个字符。

在选择变量名和其他标识符时，应注意选用有含意的英文单词或其缩写作标识符，如 count，name，day 等，以增加程序的可读性，这是结构化程序的一个特征。

（2）变量值：程序运行过程中，变量值存储在内存中。通过变量名来引用变量的值。变量在使用之前必须加以说明，也就是"先定义，后使用"。变量说明的一般形式如下。

```
<类型标示符><变量名>  {<变量名>};
```

其中，用 { } 括起来的内容可以重复零次或多次。

① 凡未被事先定义的，不作为变量名，这就能保证程序中变量名使用得正确。例如，如果在定义部分写了：int student；而在执行语句中错写成 statent，如 statent = 200，在编译时检查有 statent 未经定义，不作为变量名。因此输出"变量 statent 未经声明"的信息，便于用户发现错误。

② 每一个变量被指定为一个确定类型，在编译时就能为其分配相应的存储单元。如指定 a、b 为 int 型，编译系统为 a 和 b 各分配两个字节，并按整数方式存储数据。

变量的名字与 C 语言中预定义符号——关键字不能相同，因为关键字在 C 语言中有固定的含义，用户定义的任何名字不得与它们冲突。现将所有的关键字罗列如下。

```
基本类型（5个）        void char int float double
类型修饰关键字（4个）   short long signed unsigned
复杂类型关键字（5个）   struct union enum typedef sizeof
存储级别关键字（6个）   auto static register extern const volatile
跳转结构（4个）        return continue break goto
分支结构（5个）        if else switch case default
循环结构（3个）        for do while
```

除关键字外，还有准关键字，即它们也有固定的含义，主要作为库函数名和预处理命令。建议对这些不要另作他用。出现在预处理命令中的准关键字如下。

```
define   endif   include   ifdef   line undef
```

其余准关键词均为系统函数名，如 scanf、printf 等，其他具体的系统函数名，请参阅有关函数库手册。

2．整型变量

根据占用内存字节数的不同，整型变量又分为 4 类。

（1）基本整型（类型关键字为 int）。

（2）短整型（类型关键字为 short [int]）。

（3）长整型（类型关键字为 long [int]）。

（4）无符号整型。无符号型又分为无符号基本整型（unsigned [int]）、无符号短整型（unsigned short）和无符号长整型（unsigned long）三种，只能用来存储无符号整数。

上述各类型整型变量占用的内存字节数，随系统而异。一般用 2 字节表示一个 int 型变量，long 型为 4 字节，short 型为 2 字节。

不同类型的整型变量，其值域不同。例如，PC 机中的一个 int 型变量的值域为 –32768 ～ 32767；一个 unsigned 型变量的值域为：0 ～ 65535。

整型变量的定义方法如下。

```
int a,b;                 /* 指定变量 a、b 为整型 */
unsigned short c,d;      /* 指定变量 c、d 为无符号短整型 */
long e,f;                /* 指定变量 e、f 为长整型 */
```

对变量的定义，一般是放在一个函数的开头部分的声明部分（也可以放在函数中某一部分程序内，但作用域只限在它所在的分程序中）。

3．实型

C 语言的实型变量，分为 2 种。

（1）单精度型。类型关键字为 float，一般占 4 字节（32 位）、提供 7 位十进制数有效数字。

（2）双精度型。类型关键字为 double，一般占 8 个字节、提供 15 ～ 16 位十进制数有效数字。

4．字符变量

字符变量的说明类型关键字为 char，字符型变量用来存放字符常量，一个字符型变量只能放一个字符，一个字符变量占用 1 字节内存单元，实际上是将该字符的 ASCII 码值（无符号整数）存储到内存单元中。

字符变量的定义形式如下。

```
char ch1,ch2;            /* 定义两个字符变量:ch1,ch2 */
ch1='a';ch2='b';         /* 给字符变量赋值 */
```

字符数据在内存中存储的是字符的 ASCII 码，也可以认为是一个无符号整数，所以 C 语言允许字符型数据与整型数据之间通用。

任务实施

三、程序编写步骤

根据任务的知识分析，以及相应的数学公式，知道圆的周长 length=2*π*r；圆的面积 area=π*r²，其中 π 为圆周率 3.14，半径为 r，程序中所有变量应设为实型变量。

（一）创建或打开工程文件

新建工程文件，在工程名称文本框中，输入新工程的名称"c_paint2-1"，单击"确定"按钮，完成工程的创建。也可打开原有的工程文件。

（二）创建源程序文件

新建源程序文件，在文件名文本框中，输入源程序名称"求圆的周长和面积"，单击"确定"按钮，完成文件的创建。

（三）编写程序

在代码编辑区输入如下代码。

```c
#include<stdio.h>
int main(){
    float r;
    double area,perimeter;
    printf("请输入圆的半径:");
    scanf("%f",&r);
    area=3.14*r*r;
    perimeter=2*3.14*r;
    printf("圆的面积为:%.2f\n",area);
    printf("圆的周长为:%.2f\n",perimeter);
    return 0;
}
```

（四）编译运行结果

编译程序，如果无错误，单击工具栏的运行图标，运行程序结果如图 2-2 所示。

```
请输入圆的半径: 5.5
圆的面积为: 94.98
圆的周长为: 34.54
Press any key to continue
```

图 2-2 求圆面积和周长运行结果

任务二　计算鸡兔同笼的问题

任务说明

我国有个非常有名的古典数学题：鸡兔同笼问题。问题的题目是这样的：

有若干只鸡和兔同在一个笼子里，从上面数，有 16 个头；从下面数有 40 只脚。问笼中各有多少只鸡和多少只兔？

从数学上解这个问题非常容易，这个问题如果用 C 语言编程让计算机来解，该怎么做呢？

必备知识

一、运算符与表达式

C 语言中规定了各种运算符号，它们是构成 C 语言表达式的基本元素。运算是对数据加工的过程，用来表示各种不同运算的符号称为运算符。C 语言提供一组相当丰富的运算符，除了一般高级语言具有的算术运算符、关系运算符、逻辑运算符，还提供赋值运算符、位运算符、自增运算符、自减运算符等。

（一）算术运算符和表达式

1．算术运算符

算术运算符可用于各类数值运算。常见的算术运算符见表 2-6。

表 2-6　常见的算术运算符

运算符	含义	举例	结果
+	加法运算符	a+b	a 与 b 的和
-	减法运算符	a-b	a 与 b 的差
*	乘法运算符	a*b	a 与 b 的积
/	除法运算符	a/b	a 除以 b 的商
%	求余运算符	a%b	a 除以 b 的余数
++	自增 1 运算符	a++ 或 ++a	使 a 的值加 1
--	自减 1 运算符	a-- 或 --a	使 a 的值减 1

2．表达式

表达式是指用运算符和括号将运算对象（常量、变量和函数等）连接起来的、符合 C 语言语法规则的式子。单个常量、变量或函数,可以看作表达式的一种特例。将单个常量、变量或函数构成的表达式称为简单表达式,其他称为复杂表达式。例如 1+3*9,(x+y)/2-2 等,都是算术表达式。

(二)赋值运算符和表达式

变量需要预置一个值,即赋值。赋值操作通过赋值符号"="把右边的值赋给左边的变量,变量名 = 表达式,例如。

```
x=3;  a=a+1;  f=3*4+2;
```

其中需要注意的是:数学中的"="符号不同于 C 语言中的赋值符号"="。
如果赋值时两侧类型不一致时,系统将会作出如下处理。
(1)将实数赋给一个整型变量时,系统自动舍弃小数部分。
(2)将整数赋给一个浮点型变量时,系统将保持数值不变并且以浮点小数形式存储到变量中。
(3)当字符型数据赋给一个整型变量时,不同的系统实现的情况不同,一般当该字符的 ASCII 值小于 127 时,系统将整型变量的高字节置 0、低字节存放该字符的 ASCII 值。
(4)变量在定义的同时也可以赋初值,称作变量的初始化。
(5)字符型变量的值可以是字符型数据、介于 –128 ~ 127 的整数或者转义字符。

二、数据类型转换

C 语言中不同的数据类型的取值范围不同,在进行混合运算时结果会如何呢?

(一)自动类型转换

C 语言规定,不同类型的数据在参加运算前会自动转换成相同类型,再进行运算。转换的规则,如图 2-3 所示。

```
double    ←    float
↑
long
↑
unsigned
↑
int    ←    char, short
```

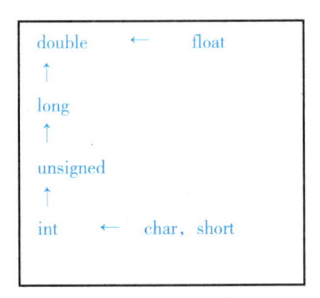

图 2-3 自动转换规则

图中横向向左的箭头表示必定的转换,如字符数据必定先转换为整数,short 型转为 int 型,float 型数据在运算时一律转换成双精度型,以提高运算精度。

纵向的箭头表示当运算对象为不同类型时转换的方向。例如，int 型与 double 型数据进行运算，先将 int 型的数据转换成 double 型，然后在两个同类型（double 型）数据进行运算，结果为 double 型。注意箭头方向只表示数据类型级别的高低，由低向高转换，不要理解为 int 型先转成 unsigned 型，再转成 long 型，再转成 double 型。如果一个 int 型数据与一个 double 型数据运算，是直接将 int 型转成 double 型。同理，一个 int 型与一个 long 型数据运算，先将 int 型转换成 long 型。

例：自动类型转换示例。

```c
#include<stdio.h>
int main()
{
    double dbNum1,dbNum2;
    long lM,lN;
    dbNum1=3/2+8/3;
    dbNum2=3.0/2+8/3.0;
    lM=1*2*3*4*5*6*7*8*9;
    lN=1L*2*3*4*5*6*7*8*9;
    printf("x=%f,y=%f,m=%ld,n=%ld\n",dbNum1,dbNum2,lM,lN);
    return 0;
}
```
运行结果如下：
x=3.000000,y=4.166667,m=362880,n=362880

（二）强制类型转换

在 C 语言中也可以使用强制类型转换符，强制使表达式的值转换为某一特定类型。强制类型转换形式为：

（类型）表达式

强制类型转换最主要的用途：

（1）满足一些运算对类型的特殊要求。例如，"%" 运算符要求其两侧均为整型，若 x 为 float 型，则 "x%3" 不合法，必须用 "(int)x%3"。强制类型转换运算优先于 % 运算，因此先进行 (int)x 的运算，得到一个整型的中间变量，然后再对 3 求模。此外，在函数调用时，有时为了使实参与形参类型一致，可以用强制类型转换运算符得到一个所需类型的参数。

（2）防止丢失整数除法中的小数部分。需要说明的是在强制类型转换时，得到一个所需类型的中间变量，原来变量的类型未发生变化。例如，(int)x 不要写成 int(x)。

如果 x 原指定为 float 型，进行强制类型运算后得到一个 int 型的中间变量，它的值等于 x 的整数部分，而 x 的类型不变（仍为 float 型）见下例。

```c
#include<stdio.h>
int main()
{
  float x;
  int i;
  x=3.6;
  i=(int)x;
  printf("x=%f,i=%d\n",x,i);
  return 0;
}
```
运行结果如下：
x=3.600000,i=3

三、算术运算符优先级

算术运算符优先级，见表2-7。

表2-7　算术运算符优先级

运算符	优先级
( )（小括号）[ ]（数组下标）.（结构成员）->（指针型结构成员）	1
!（逻辑非）~（位取反）-（负号）++（加1）--（减1）&（变量地址）*（指针所指内容）sizeof（长度计算）	2
*（乘）/（除）%（取模）	3
+（加）-（减）	4
<<（位左移）>>（位右移）	5
<（小于）<=（小于等于）>（大于）>=（大于等于）=（等于）!=（不等于）	6
&（位与）	7
^（位异或）	8
|（位或）	9
&&（逻辑与）	10
||（逻辑或）	11
?:（条件运算符）	12
=+=-=（赋值与赋值自返运算符）	13
,（逗号运算符）	14

四、程序编写步骤

根据任务的知识分析，假设：鸡的数量为 ch，兔的数量为 ra，总头数为 h=16，总的脚数为 f=40。

列出两个方程：
方程 1：ch+ra=h
方程 2：2*ch +4*ra=f
解：ra=(f-2*h)/2
ch=ra-h

（一）创建工程文件

新建工程文件，在工程名称文本框中，输入新工程的名称"c_paint 2-2"，单击"确定"按钮，完成工程的创建。也可打开原有的工程文件。

（二）创建源程序文件

新建源程序文件，在文件名文本框中，输入源程序名称"计算鸡兔同笼"，单击"确定"按钮，完成文件的创建。

（三）编写程序

在代码编辑区输入如下程序代码。

```c
#include<stdio.h>
int main()
 {
    int ch,ra,h,f;
    h=16;
    f=40;
    ra=(f-2*h)/2;
    ch=h-ra;
     printf("鸡的数量:%d\n",ch);
     printf("兔的数量:%d\n",ra);
     return 0;
}
```

（四）编译运行结果

编译程序，如果无错误，单击工具栏的运行图标，运行程序结果如图 2-4 所示。

图 2-4 鸡兔同笼问题结果

实训与练习

1. 执行下面的程序，其输出结果为：
```
#include<stdio.h>
void main()
{ int a;
printf("%d\n",(a=3*5,a*4,a+5));
}
```

2. 执行下面的程序，其输出结果为：
```
#include<stdio.h>
void main()
{ int x=10,y=3;
printf("%d\n",y=x/y);
}
```

3. 执行下面的程序，其输出结果为：
```
#include<stdio.h>
void main()
{ int x=10,y=10;
printf("%d %d\n",x--,--y);
}
```

4. 模仿"鸡兔同笼"的问题编程解决下面的问题：某超市洗衣液特卖活动推出 A,B 两种套餐，价格分别是 30 元和 20 元。5 月 1 日当天特卖活动共卖出 460 份，收入合计 10 700 元。问 A，B 两种套餐各卖多少份？

项目三　程序结构的数据和图形设计

学习目标

1. 掌握顺序程序设计。
2. 掌握选择结构的关系运算和逻辑运算。
3. 掌握 if 语句语法。
4. 掌握 switch 语句语法。
5. 掌握循环结构程序设计的要点。

课程思政

东数西算——助力中国数字经济均衡发展

　　东数西算，即东数西算工程，指通过构建数据中心、云计算、大数据一体化的新型算力网络体系，将东部算力需求有序引导到西部，优化数据中心建设布局，促进东西部协同联动。东数西算是促进绿色节能，助力实现碳达峰、碳中和目标的重要手段；东数西算能有效缓解地区数字经济发展不均衡的问题；东数西算有利于解决东部地区能源供给短缺的问题。

东数西算——助力中国数字经济均衡发展

项目描述

　　本项目将通过 C 语言中程序的语句、结构、赋值、数据的输入输出的学习，培养软件开发必备的逻辑思维能力，并学习如何进行对数据的计算和字符图案的输出。

任务一　输入任意三个整数，求它们的和及平均值

任务说明

　　本任务需要完成随意输入三个整数，然后求它们的和及平均值。通过此任务掌

握程序的顺序选择结构及顺序语句。

必备知识

一、C语言的语句

和其他高级语言一样，C语言的语句用来向计算机系统发出操作指令，一个语句经编译后产生若干条机器指令。一个函数包含声明部分和执行部分，C语句是用来完成一定操作任务的，声明部分的内容不应称为语句。例如：int a；不是一个C语句，它不产生机器操作，而只是对变量的定义。执行部分由语句组成。一个C程序可以由若干个源程序文件（分别进行编译的文件模块）组成，一个源文件可以由若干个函数和预处理命令以及全局变量声明部分组成，一个函数由数据定义和执行语句组成。C语句可分为以下5类。

（一）控制语句

控制语句可以完成一定的控制功能，共9种。

① if() ～else～   （条件语句）
② for()   （循环语句）
③ while   （循环语句）
④ do while()   （循环语句）
⑤ continue   （结束本次循环语句）
⑥ break   （中止执行switch或循环语句）
⑦ switch   （多分支选择语句）
⑧ goto   （转向语句）
⑨ return   （从函数返回语句）

（二）调用语句

调用语句是指由一次函数调用加上分号构成的语句，例如。

printf("hello");

（三）表达式语句

表达式语句是指由一个表达式构成的语句。赋值表达式，例如。

number=1

赋值语句是由一个赋值表达式加一个分号构成的，例如。

```
number=1;
```

一个语句必须在最后出现分号，分号是语句中不可缺少的一部分。表达式能构成语句，是 C 语言的一个重要特色。

（四）空语句

空语句是指只有一个分号的语句，它什么都不做。有时用来做被转向点，或循环体（循环体是空语句，表示循环体什么也不做，往往只起延时作用）。

（五）复合语句

复合语句是指用 {} 把一些语句括起来，又称为分程序，例如。

```
{t=x;
x=y;
y=t;}
```

注意：复合语句中最后一个语句最后的分号不能忽略不写，这和函数体最后一个语句后面的分号不能不写一样。

二、程序的三种基本结构

为了提高程序设计的质量和效率，现今普遍采用结构化程序设计方法。结构化程序设计是指程序由若干可独立的基本结构组成，每个基本结构可以包含一个或若干个语句。结构化程序设计有三种基本结构，顺序结构、选择结构和循环结构。

（一）流程图常用的符号

流程图是用一些图框、流程线以及文字说明来描述操作过程。用图使操作过程（算法）直观、形象、容易理解。一直以来，各国都采用美国国家标准化协会 ANSI 规定的一些常用流程图符号，部分流程图符号如图 3-1 所示。

图 3-1　流程图符号

（二）顺序结构

顺序结构是指先执行 A 操作，再执行 B 操作，两者是顺序执行的关系，如图 3-2 所示。

图 3-2　顺序结构

一个顺序结构中的各部分是按出现的先后次序执行。最基本的顺序结构是由非控制转移语句组成，例如。

```
a=1;
b=2;
c=a+b;
printf("c=%d",c);
```

（三）选择结构

选择结构是指当条件 P 成立（或称为"真"）时执行 A，否则 B；之后两条分支汇合执行下一步，如图 3-3 所示。

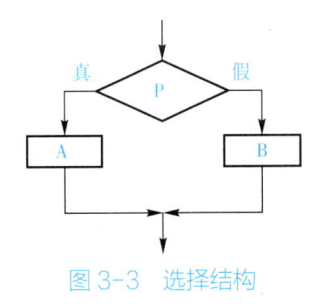

图 3-3　选择结构

（四）循环结构

1．当型循环结构

当型循环结构是指当条件 P 成立（"真"）时，反复执行 A 操作，直到条件 P 为"假"时才停止循环，如图 3-4 所示。

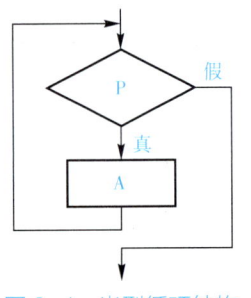

图 3-4　当型循环结构

2．直到型循环结构

直到型循环结构先执行 A 操作，再判断 P 是否为"真"，若 P 为"真"，再执行 A，如此反复，直到 P 为"假"为止，如图 3-5 所示。

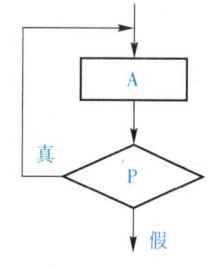

图 3-5　直到型循环结构

由以上基本结构组成的程序能处理任何复杂的问题。上述图中 A，B 等可以是一个简单的语句，也可以是一个基本结构。以上三种基本结构有以下共同特点。

（1）只有一个入口。
（2）只有一个出口。
（3）每一个基本结构中的每一部分都有机会被执行到；也就是说，对每一个框来说，都应当有一条从入口到出口的路径通过它。
（4）结构内不存在"死循环"（即无终止的循环）。

三、赋值语句

赋值语句是由赋值表达式加上一个分号构成。由于赋值语句应用十分普遍，所以专门再讨论一下。

C 语言的赋值语句具有其他高级语言赋值语句的一切特点和功能，但也有其特殊之处。比如，关于赋值表达式与赋值语句的概念，多数高级语言没有"赋值表达式"这一概念。作为赋值表达式可以包括在其他表达式之中，例如。

```
if((a=b)>0)t=a;
```

按语法规定 if 后面的( )内是一个条件，例如可以是："if(x>0)..."。现在在 x 的位置上换上一个赋值表达式"a=b"，其作用是：先进行赋值运算（将 b 的值赋给 a），然后判断 a 是否大于 0，如大于 0，执行 t=a。在 if 语句中的"a=b"不是赋值语句而是赋值表达式，这样写是合法的。如果写成"if(a=b;)>0) t=a;"就错了；在 if 的条件中不能包含赋值语句。

四、数据输入输出及在 C 语言中的实现

数据输入输出是以计算机主机为主体，从计算机向外部输出数据称为"输出"，从外部设备输入数据称为"输入"。

为了让计算机处理各种数据，首先应该把需要处理的数据输入到计算机中，计算机处理结束后，再将处理完成的数据信息以人能够识别的方式输出。C 语言本身不提供输入输出语句，输入输出操作是由 C 语言编译系统提供的库函数来实现。例如，printf 函数和 scanf 函数。实际上可以不使用 printf 和 scanf 这两个函数，而另外编两个输入输出函数，用其他的函数名。

在使用 C 语言库函数时，要用预编译的命令"#include"将有关的"头文件"包括到用户源文件中。在头文件中包含了与用到的函数有关的信息。例如，使用标准输入输出库函数时，要用到"stdio.h"头文件。文件后缀"h"是 head 的缩写，#include 命令都是放在程序的开头，因此这类文件被称为"头文件"。在调用标准输入输出库函数时，文件开头应有以下预编译命令。

```
#include<stdio.h> 或 #include "stdio.h"
```

五、字符数据的输入输出

下面先介绍 C 语言标准 I/O 函数库中最简单的、也是最容易理解的字符输入输出函数 putchar( ) 和 getchar( )。

（一）putchar 函数（字符输入函数）

putchar 函数的作用是向终端输出一个字符，并返回输出字符的 ASCII 码的值，例如。

```
putchar(c);
```

输出字符变量 c 的值，c 可以是字符型或整型，在使用该函数时，要在程序开头部分加上：#include "stdio.h" 或 #include<stdio.h>。

（二）getchar 函数（字符输入函数）

该函数的作用是从终端输入一个字符，并将输入的字符返回到一个字符型变量中，例如。

```
getchar();
```

getchar 函数只能接收一个字符，输入字符后需要按回车键，程序才会完成相应的输入，继续执行后面的语句。如果需要连续输入几个字符，在输入时，用户连续输出字符，最后一次输入完成后，回车即可。要在程序开头部分加上：#include "stdio.h" 或 #include<stdio.h>。

六、格式化输出与输入

（一）格式化输出

printf() 函数向终端（或系统隐含指定的输出设备），输出若干个任意类型的数据。

1．一般格式

```
printf("格式控制字符串",输出列表);
```

（1）格式控制字符：是用双引号括起来的字符串，包括两种信息。

①格式说明，由 "%" 和格式字符组成，作用是将输出的数据按照制定的格式输出。

②普通字符，即需要按照原样输出的字符。字符包括普通字符和转义字符，转义字符需要转义后输出。

（2）输出列表：是需要输出的一些数据，可以是常量、变量、表达式，个数可以是零个、一个、多个，每个输出项之间用逗号分隔，例如。

```
printf("%d,%d",a,b);/* 输出 a b 的值 */
```

2．格式字符

对不同的数据类型需要用不同的格式字符。主要有以下 9 种格式字符。

（1）d 格式符：用来输出十进制数，有以下 3 种用法。

① %d，按整型数据的实际长度输出。

② %md，m 为指定输出数据的宽度(域宽)。如果数据的位数小于 m，则左补空格右端输出，若大于 m，则按实际位数输出。

③ %ld，输出长整型数据。

（2）o 格式符：以八进制数形式输出整数，输出的数值不带符号，即将符号位也一起作为八进制数的一部分输出。

（3）x 格式符：以十六进制数形式输出整数。与 o 格式一样不会出现负的十六进制数。

（4）u 格式符：用来输出 unsigned 型数据，即无符号位，以十进制形式输出。

（5）c 格式符：用来输出一个字符。

（6）s 格式符：用来输出一个字符串。

① %s，输出字符串。

② %ms，输出的字符串占 m 列，如果字符串本身的长度大于 m，则突破 m 的限制，将字符串全部输出。若串长小于 m，则左补空格。

③ %-ms，如果串长小于 m，则在 m 列范围内，字符串向左靠，右补空格。

④ %m.ns，输出占 m 列，但只取字符换左端 n 个字符。这 n 个字符输出在 m 列的右侧，左补空格。

33

⑤%-m.ns，其中 m,n 含义同上，n 个字符输出在 m 列范围的左侧，右补空格。

（7）f 格式符：用来输出实数（包括单精度 %f，双精度 %lf），以小数形式输出。

①%f，不指定字段宽段，由系统自动指定，使整数部分全部输出，并输出 6 位小数，第七位四舍五入。单精度实数的有效位数一般为 7 位。

②%m.nf，指定输出的数据共占 m 列（含小数点），其中有 n 位小数，数值长度小于 m，则左端补空格。

③%-m.nf，与 %m.nf 基本相同，只是使输出的数值向左端靠，右端补空格。

（8）e 格式符：以指数形式输出实数。

①%e，不指定输出数据所占宽度和数字部分小数位数，由系统自动指定给出 6 位小数，指数部分占 5 位（如 e+002)，其中 "e" 占一位，指数符号占一位，指数占 3 位。数值按标准化指数形式输出（即小数点前必须有而且只有一位非零数字）。例如：1.234560e+002。用 %e 格式输出的实数共占 13 列宽度。

②%m.ne 和 %-m.ne，m、n 和 "-" 字符含义与前相同。此处 n 指数据的数字部分（又称尾数）的小数位数。

（9）g 格式符，用来输出实数，它根据数值的大小，自选 f 格式或 e 格式，且不输出无意义的零。

以上 9 种格式字符归纳，见表 3-1。在 % 和上述格式字符间可以插入几种附加符号，见表 3-2。

表 3-1　格式字符及说明

格式字符	说明
d	以带符号的十进制形式输出整数（正数不输出符号）
o	以八进制无符号形式输出整数（不输出前导符 0）
x（X）	以十六进制无符号形式输出整数（不输出前导符 0x）
u	以无符号十进制形式输出整数
c	以字符形式输出，只输出一个字符
s	输出字符串
f	以小数形式输出单、双精度数，隐含输出 6 位小数
e（E）	以标准指数形式输出单、双精度数，数字部分小数位数为 6 位
g（G）	选用 %f 或 %e 格式中输出宽度较短的一中格式，不输出无意义的 0；用 G 是，以指数形式输出，指数以大写表示

表 3-2　附加符号

字符	说明
字母 l（L）	用于长整型整型，可加在格式符 d、o、X、u 前面
m（代表一个正整数）	数据最小宽度
.n（代表一个正整数）	对实数，表示输出 n 位小数；对字符串，表示截取的字符个数
–	输出的数字或字符在域内向左靠

（二）格式化输入

scanf( ) 函数可以使用外部输入设备向计算机主机输入数据。

1．一般形式

```
scanf("格式控制",地址表列);
```

（1）"格式控制"的含义与 printf 函数相似，空白字符作为相邻 2 个输入数据的缺省分隔符，非空白字符在输入有效数据时，必须原样一起输入。

（2）"地址表列"是由若干变量的首地址组成的表列，可以是变量的地址，或字符串的首地址。变量首地址的表示方法：& 变量名。其中 " & " 是地址运算符，例如。

```
scanf("%d",&d);
```

2．格式说明

%[*][宽度] [hI] 类型字符和 printf( ) 函数中的格式说明相似，以 % 开始，以一个格式字符结束，中间可以插入附加的字符。scanf( ) 函数用到的格式字符见表 3-3，scanf( ) 函数可以用的附加说明字符（修饰符）见表 3-4。

表 3-3　格式字符及说明

格式字符	说明
d	用来输入有符号的十进制整数
u	用来输入无符号的十进制整数
o	用来输入无符号的八进制整数
X, x	x 用来输入无符号的十六进制整数（大小写作用相同）
c	用来输入单个字符
s	用来输入字符串，将字符串送到一个字符数组中，在输入时以非空白字符开始，以第一个空白字符结束。字符串以结束标志 '\0' 作为其最后一个字符
f	用来输入实数，可以用小数形式或指数形式输入
e, E, g, G	与 f 作用相同，e 与 f，g 可以相互替换（大小写作用相同）

表 3-4　scanf 附加说明字符

字符	说明
l	用于输入长整型数据（可用 %ld，%lo，%bx）及 double 型数据（用 %lf）
h	用于输入短整型数据（可用 %hd，%ho，%hx）
域宽	指定输入数据所占宽度（列数），域宽应为正整数
*	表示该输入项在读入时不赋予相应的变量

任务实施

七、程序编写步骤

根据任务的知识分析，用顺序语句实现数据计算的运算功能，从键盘输入任意三个整数，在系统操作菜单中选择输入运算类型对应的数字，按要求选择并进行运算，各语句是按照位置的先后次序，顺序执行的，且每个语句都会被执行到。然后输出对应的运算结果，就可以设计出数据的和及平均值。

（一）创建或打开工程文件

新建工程文件，在工程名称文本框中，输入新工程的名称"c_paint 3-1"，单击"确定"按钮，完成工程的创建。也可打开原有的工程文件。

（二）创建源程序文件

新建源程序文件，在文件名文本框中，输入源程序名称"求三个任意整数的和及平均值"，单击"确定"按钮，完成文件的创建。"

（三）编写程序

在代码编辑区输入如下代码。

```c
#include<stdio.h>
int main(){
    int a,b,c,sum;
    float average;
    printf("请输入三个整数:");
    scanf("%d%d%d",&a,&b,&c);
    sum=a+b+c;
    average=(float)sum/3;
    printf("和:%d\n",sum);
    printf("平均值:%.2f\n",average);
    return 0;
}
```

（四）编译运行结果

编译程序，如果无错误，单击工具栏的运行图标，结果如图 3-6 所示。

```
请输入三个整数: 10 20 30
和: 60
平均值: 20.00
Press any key to continue
```

图 3-6　三个整数求和及平均值

任务二 设计一个能计算两个数四则运算的计算器

任务说明

本任务完成一个只能计算两个数四则运算的简易计算器程序设计，通过此任务掌握条件语句 if 的应用。

必备知识

一、关系运算符和关系表达式

在项目二中学习了数据操作的算术运算符和表达式、赋值运算符和表达式，在选择结构的程序中，如果需要比较两个量的大小关系，以决定下一步的工作，那么可以采用关系运算符。关系运算符是对两个变量或表达式进行"比较运算"，对两个操作数的值进行比较。如果关系正确，运算的结果就是真；如果关系不正确，运算的结果就是假。例如：整数 7 大于 5 的运算结果就是真，整数 7 小于 5 的运算结果就是假。

C 语言常用一些符号来表达其所支持的关系运算符，见表 3-5。

表 3-5 C 语言中的关系运算符

符号	运算符说明	示例	结合方向	说明
>	大于	a>b	自左向右	二元运算符
<	小于	a<b	自左向右	二元运算符
>=	大于等于	a>=b	自左向右	二元运算符
<=	小于等于	a<=b	自左向右	二元运算符
==	等于	a==b	自左向右	二元运算符
!=	不等于	a!=b	自左向右	二元运算符

关系运算符及其他运算符的优先级别按照项目二中的表 2-7，算术运算符优先级所示。

由关系运算符和操作数组成的表达式称为关系表达式，它所得的结果为逻辑值，也称布尔值。逻辑值只有两个，用"真"和"假"表示，"真"用"1"表示，"假"用"0"表示。逻辑真和逻辑假，只是两个对立的逻辑概念，不是真，就是假。在现实世界中，有的事情从不同方面去想可能是对的，也可能是错的。但是，计算机不像现实世界那样复杂，在计算机的世界中，非真即假，没有中间态。在实际运行过程中，只要是非零值都为"真"，只有零为"假"。例如：-4、-0.01 都认为是"真"，只有整数 0、实数 0.00.... 和 ASCII 码值为 0 的 NULL 为"假"。

两个操作数的值符合关系运算符所表示的关系，关系运算表达式的值为真，例如。

```
1>=0;2<3;1<=1;0==0;8>=8;1!=2;
```

两个操作数的值不符合关系运算符所表示的关系。关系运算表达式的值为假，例如。

```
1<-0;2>3;1!=1;0!=0;9!=9;3==2;
```

二、逻辑运算符和逻辑表达式

逻辑表达式是指用逻辑运算符将 1 个或多个关系表达式，或逻辑量连接起来，进行逻辑运算的式子。在 C 语言中，关系表达式只能描述单一条件，例如 "x>=0"。如果需要描述 "x>=0"、同时 "x<10"，就要借助于逻辑表达式了。即用逻辑表达式表示多个条件的组合。

例如，判断一个年份是否是闰年的逻辑表达式。

```
(year%4==0)&&(year%100!=0)||(year%400==0);
```

关系运算的结果为逻辑的真和假，可以很好地作为逻辑判断的条件。但是，关系运算有一个缺点：只能判断一个条件是不是满足。在现实生活中，往往不是根据一个条件进行判断，而是需要根据多个条件进行判断。例如，买件衣服，需要尺寸、颜色和款式等等决定后再买。在 C 语言中，也是如此，有时需要用到几个逻辑条件才能进行判断，这就需要用到逻辑运算。

（一）逻辑运算符

C 语言提供三种逻辑运算符。
（1）&& 逻辑与（相当于其他语言中的 and）。
（2）|| 逻辑或（相当于其他语言中的 or）。
（3）! 逻辑非（相当于其他语言中的 not）。
"&&" "||" 是双目（元）运算符，它要求有两个运算量（操作数），如 "a>b&&a>c"、"(ab)||(x>y)"。"!" 是一个单目运算符，只要求有一个运算量（操作数），如 "!(a>b)"。逻辑运算举例如下。

```
a&&b    若 a、b 为真，则 a&&b 为真。
A||b    若 a、b 之一为真，则 a||b 为真。
!A      若 a 为真，则 !a 为假。
```

在一个表达式中如果包含多个逻辑运算符,例如,!a&&b||x>y&&c,按以下的优先次序。

(1)!(非)→&&(与)→||(或),即"!"为三者中优先级最高的。

(2)逻辑运算符中的"&&"和"||"低于关系运算符,"!"高于算术运算符,如图3-7所示。

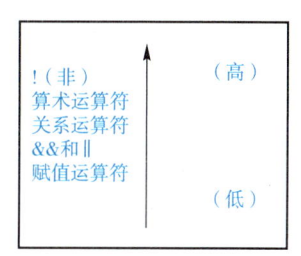

图3-7 逻辑运算符的优先级

根据逻辑运算符的优先级,可简写一些表达式,例如。

```
(a>b)&&(x>y) 写成或等价于 a>b&&x>y
(a==b)||(x==y) 写成或等价于 a==b||x==y
(!a)||(a>b) 写成或等价于 !a||a>b
```

(二)逻辑表达式

逻辑表达式的值是一个逻辑量"真"或"假"。C语言用整数"1"表示"逻辑真"、用"0"表示"逻辑假"。但在判断一个数据的"真"或"假"时,却以0和非0为根据,如果为0,则判定为"逻辑假";如果为非0,则判定为"逻辑真"。

假设 num=12。

(1)!num 的值等于0;

(2)num>=1&&num<=31 的值等于1;

(3)num||num>31 的值等于1。

由此可以看出,系统给出的逻辑运算结果不是0就是1,不可能是其他数值。而在逻辑表达式中作为参加逻辑运算的运算对象(操作数)可以是0("假")或任何非0的数值(按"真"对待)。

如果在一个表达式中不同位置上出现数值,应区分哪些是作为数值运算或关系运算的对象,哪些作为逻辑运算的对象,例如。

```
5>3&&8<4-!0
```

表达式自左向右扫描求解。首先处理"5>3"(因为关系运算符优先于逻辑运算符&&)。在关系运算符两侧的5和3作为数值参加关系运算,"5>3"的值为1。再进行"1&&8<4-!0"的运算,8的左侧为"&&",右侧为"<",根据优先级规则,应先进行"<"的运算,即先进行"8<4-!0"的运算。现在4的左侧为"<",

右侧为"-"运算符，而"-"优先于"<"，因此应先进行"4-!0"的运算，由于"!"的级别最高，因此先进行"!0"的运算，得到结果1。然后进行"4-1"的运算，得到结果3，再进行"8<3"的运算，得0，最后进行"1&&0"的运算，得0。

实际上，逻辑运算符两侧的运算对象不但可以是0和1，或者是0和非0的整数，也可以是任何类型的数据。可以是字符型、实型（浮点型）或指针型等。系统最终以0和非0来判定它们属于"真"或"假"。

假设 a=3，b=4，c=5，判断下列各关系运算表达式的结果。

（1）x=b>a：由于关系运算符优先于赋值运算符，所以原式等价于 x=(b>a)，由题设可知，b>a 成立，结果为1，故最后执行赋值运算 x=1。

（2）a!=b>=c：由于关系运算符 != 的运算优先级低于关系运算符 >=，所以原式等价于 a!=(b>=c)，由题设可知，b>=c 不成立，结果为0，原式可化为 a!=0，由题设可知，a!=0 成立，结果为1。

（3）(a>b) > (b<c)：由题设可知，a>b 不成立，结果为0；b<c 成立，结果为1，原式可化为 0>1，其结果为0。

（4）f=c>b>a：在数学上，5>4>3 是成立的，结果是真。但在 C 语言中，关系运算符是二元运算符。计算过程是：由于同优先级的关系运算符遵循自左至右的结合方向，故原式等价于 f=((c>b)>a)。由题设可知，c>b 的结果为1，1>3 的结果为0，最后执行赋值运算：f=0。

（5）a=(b=!a)&&(c=b)：由题设可知，原表达式等价于 a=((b=!a)&&(c=b))，!a 的值为0，故赋值运算表达式 b=!a 的值为0，按 C 语言规定，赋值运算表达式 (c=b) 将不被执行，c 的值还是5，b 的值为0，由于逻辑运算表达式 (b=!a)&&(c=b) 的值为0，故 a 的值为0，整个赋值运算表达式为0。

（6）!c+a&&b>=1||c：先算 !c 值为0，再算 0+a 值为3，然后算 b>=1 值为1，此时式子相当于 3&&1||5，再自左向右算，结果为1。

C语言规定在执行"&&"运算时，如果"&&"运算符左边表达式的值为0，则可以确定"&&"运算的结果一定为0，不再执行"&&"运算符右边表达式规定的运算。在执行"||"运算时，如果"||"运算符左边表达式的值为1，则可以确定"||"运算的结果一定为1，不再执行"||"运算符右边表达式规定的运算。

三、C语言中的 if 语句

当用顺序结构编写程序无法达到要求的，必须让计算机按给定的条件进行分析、比较和判断，并按判断后的不同情况进行处理，这种问题属于选择结构，分支语句正是为了解决这些问题而设定的。if 正是其中之一。

（一）if 语句的三种形式

1. if

if(表达式)语句；

例如：

```
if(x>y)printf("%d",x);
```

这种 if 语句的执行过程，如图 3-8 所示。

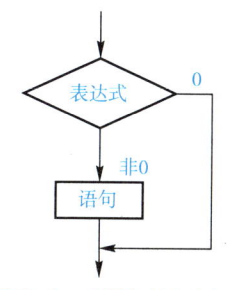

图 3-8　if 语句执行过程

2. if-else

if(表达式 1)语句 1;else 语句 2;

例如：

```
if(x>y)printf("%d",x);
else printf("%d",y);
```

这种 if 语句的执行过程，如图 3-9 所示。

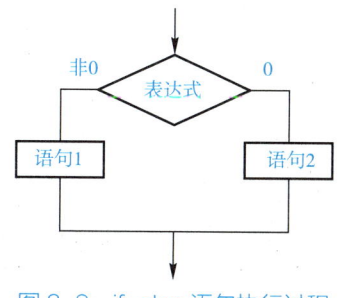

图 3-9　if-else 语句执行过程

第一种形式的 if 语句是 if 语句形式中最简单的一种,其执行过程是:如果"表达式"的值不为零("真"),执行"语句",否则什么也不执行。转到 if 语句的下面,继续执行程序中的其他语句。第二种形式的执行过程是:如果"表达式"的值不为零("真"),执行"语句 1",否则执行"语句 2",然后转到 if 语句的下面,继续执行程序中的其他语句。如果遇到多个条件需逐一根据不同的情况再进行判断时,则需用下面 if 语句的第三种形式来解决。

3. if-else-if

```
if(表达式1) 语句1;
    else if(表达式2) 语句2;
        else if(表达式3) 语句3;
            ……
            else if(表达式n) 语句n;
```

例:由键盘输入一个字符,若该字符为小写字母,则将其转换为大写字母;若该字符为大写字母,则将其转换为小写字母;否则将其转换为 ASCII 码表中该字符的下一个字符。

```c
#include<stdio.h>
int main(){
    char c1,c2;              /*定义两个字符变量*/
    printf("输入一个字符:");
    c1=getchar();            /*由键盘输入一个字符并将其赋值给变量c1*/
    if(c1>='a'&&c1<='z')
    c2=c1-32;                /*转换成大写*/
    else if(c1>='A'&&c1<='Z')
    c2=c1+32;                /*转换成小写*/
    else
    c2=c1+1;                 /*转换成ASCII码表中该字符的下一个字符*/
    putchar(c2);             /*输出字符变量的值*/
    printf("\n");
    return 0;
}
```

小写转大写如图 3-10(a)所示,大写转小写如图 3-10(b)所示。

(a)　　　　(b)

图 3-10　转换大小写

（二）if 语句的嵌套

在 if 语句中又包含了一个或多个 if 语句称为 if 语句的嵌套。其形式如下。
（1）单分支 if 嵌套在单分支 if 的执行语句中。
（2）双分支 if 嵌套在单分支 if 的执行语句中。
（3）双分支 if 嵌套在双分支 if 的执行语句中。
（4）单分支 if 嵌套在双分支 if 的执行语句中。

C 语言规定，else 不能单独存在，总是与它前面最近的未曾配对的 if 配对。例如：输入 3 个任意整数，输出其中的最大值，代码如下。

```c
#include<stdio.h>
int main()
{
    int a,b,c,max;
    scanf("%d%d%d" ,&a,&b,&c);
    if(a>b)
        {
          if(a>c)
                max=a;
          else
                max=c;
        }
    else
        {
          if(b>c)
                max=b;
          else
                max=c;
        {
    printf("max=%d\n",max);
    return 0;
}
```

（三）条件运算符

C 语言提供了条件运算符 "？:"。这是 C 语言中唯一一个三元运算符。由条件运算符构成的表达式称为条件运算表达式。在某些情况下，条件语句 if…else… 可以用条件运算表达式来代替。

条件运算表达式的一般形式如下。

表达式1？表达式2：表达式3

执行时，先判断表达式 1 的值，如果其不为 0，则以表达式 2 的值作为条件运算表达式的值，否则，以表达式 3 的值作为条件运算表达式的值。例如，赋值语句 y=x>0?10:8 等价于条件语句，形式如下。

```
if(x>0) y=10;
else    y=8;
```

例：从键盘输入两个整数，输出其中的最大值。

```
#include<stdio.h>
int main(){
    int a,b;
    printf("Please input two integers:\n ");
    scanf("%d,%d",&a,&b);
    printf("MAX=%d\n",(a>b)?a:b);
    return 0;
}
```

四、switch 语句

if 语句只能实现两路分支，在两者中选择其一。对于判断条件比较简单，而判断的结果却不止一个或两个这种情况，虽然用嵌套的 if 语句可以实现多路检验，但有时不够简洁，同时在一定的程度上影响代码可读性。为此 C 语言提供了实现多路选择的一个语句"switch"。switch 语句是多分支语句，也称开关语句。它可以简洁地完成多分支选择结构问题。switch 语句的一般形式如下。

```
switch(<表达式>)
{
    case<常量表达式1>:<语句1>;break;
    case<常量表达式2>:<语句2>;break;
    ......
    case<常量表达式n>:<语句n>;break;
    default:<语句n+1>;break;
}
```

（1）对于 switch 后（）内的表达式，C 语言中标准允许它为任何类型。但表达式和常量表达式的运算结果通常是字符型或整型数据。

（2）当表达式的值与某一个 case 后面的常量表达式的值相等时，就执行此 case 后面的语句，若所有的 case 中的常量表达式的值都没有与表达式的值匹配的，就执行 default 后面的语句（default 是任选项，如果没有这条语句，则在所有配对都失败时，什么也不执行）。

（3）每一个 case 的常量表达式的值必需互不相同，否则就会出现互相矛盾的现象（对表达式的同一个值，有两种或多种执行方案）。

（4）各个 case 和 default 的出现次序不影响执行结果。

（5）执行完一个 case 后面的语句后，流程控制转移到下一个 case 继续执行。case 常量表达式只是起语句标号作用，并不是在该处进行条件判断。在执行 switch 语句时，根据 switch 后面表达式的值，找到匹配的入口标号，就从此标号开始执行下去，不再进行判断，直到遇到 break 语句或 switch 的结束"}"；这就意味着有可能执行多个 case 后面的<语句……>，所以在必要时要使用 break 语句来终止 switch 语句的执行。

（6）多个 case 可以共用一组执行语句。

（7）break 表示跳出 switch 语句块。

任务实施

五、程序编写步骤

根据任务的分析，用选择语句实现简易计算器中选择执行的运算功能，从键盘输入两个运算数，用户在系统操作菜单中选择运算类型对应的数字，按要求选择并进行运算，然后输出对应的运算结果，就可以设计出简易计算器。

（一）创建或打开工程文件

新建工程文件，在工程名称文本框中，输入新工程的名称" c_ paint 3-2"，单击"确定"按钮，完成工程的创建。也可打开原有的工程文件。

（二）创建源程序文件

新建源程序文件，在文件名文本框中，输入源程序名称"简易计算器"，单击"确定"按钮，完成文件的创建。

（三）编写程序

在代码编辑区输入程序代码如下。

```c
#include<stdio.h>
#include<stdlib.h>
int main()
{
    float a,b,result;
    char operation;
```

```
printf("\n\n\t|------------------------------ |\n");
printf("\t|            简易计算器          |\n");
printf("\t|------------------------------ |\n");
printf("\t|            '+'----- 加法       |\n");
printf("\t|            '-'----- 减法       |\n");
printf("\t|            '*'----- 乘法       |\n");
printf("\t|            '/'----- 除法       |\n");
printf("\t|            '0'----- 退出       |\n");
printf("\t|------------------------------ |\n");
printf(" 请按下列格式输入计算机表达式：实数运算符实数 \n");
scanf(" %f %c %f ",&a,&operation,&b);
switch(operation)
{
case '+':
    result=a + b;
    break;
case '-':
    result=a - b;
    break;
case '*':
    result=a* b;
    break;
case '/':
    if(b==0)
        printf("\n\t 除数不能为零 !\n");
    else
        result=a / b;
    break;
default:
    printf(" 运算符输入错误 ");
}
printf(" 运算结果是 :");
printf("%f %c %f=%f\n",a,operation,b,result);
return 0;
}
```

（四）编译运行结果

编译后，如果无错误；单击工具栏的运行图标，运行程序结果如图 3-11 所示。

图 3-11 简易计算器运行结果

任务三　用循环结构在屏幕上输出平行四边形图案

任务说明

在程序设计中，循环结构是非常重要和不可缺失的程序设计结构。在本任务中，我们使用循环结构在屏幕上输出平行四边形图案，其关键是要找到每行输出的规律，以便使用循环结构。

必备知识

一、循环结构程序设计

在解决实际应用问题的过程中，经常会遇到需要重复执行某一种操作的情况，在这种情况下，如果采用顺序结构编写程序，程序将会非常冗长。另一种情况是，编程的人事先无法知道运行的程序何时才能得到结果。例如，用迭代法求某代数方程的实根，何时能得出满足精度要求的结果是无法预知的。用顺序结构解决这样的问题几乎是不可能。为此，所有的计算机语言都提供了可以实现循环控制结构的语句，可以用由它们组成的循环结构解决诸如上述的问题。

在循环结构中将某些语句重复执行若干次，这些语句称为循环体；每重复一次都要判断是继续重复还是停止重复，这个判断所依据的条件称为循环条件；循环体与循环条件一起构成了循环结构，循环结构是结构化程序设计的基本结构之一，它与顺序结构、选择结构共同组成作为各种复杂程序的单元。

循环结构、顺序结构、选择结构，构成程序设计的三种基本流程结构。循环结构的用途是重复执行某一段程序，这段反复被执行的程序段称为循环体。判断循环体是不是继续重复执行取决于循环条件，循环条件成立则循环继续，否则终止，其流程如图 3-12 所示。

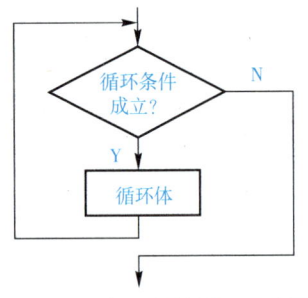

图 3-12 循环结构流程示意图

C 语言中实现循环结构的语句包括 while 语句、do-while 语句和 for 语句。

（一）while 循环结构

while 结构也是一种循环结构，当判断循环条件为真时，便执行循环体。不断重复此过程，直到条件为假，才结束循环。其一般形式如下。

```
while(循环条件)
{
循环体;
}
```

如果在循环结构的循环体中又包含另一个循环结构，则称为循环的嵌套，也称二重循环。嵌套的循环结构里面可以继续嵌套循环结构，构成多重循环。在多重循环结构中，内层的循环又称内循环，外层的循环又称外循环。一个二重循环的一般形式如下。

```
while(循环条件)
{ while(循环条件)
{
循环体;
    }
    }
```

while 语句执行的时候，只要满足表达式条件，循环就会一直进行下去，直到条件不满足，跳出循环。

例：用 while 语句求 1～100 的累加和。

```c
#include<stdio.h>
int main(){
    int i,sum;
    i=1;
    sum=0;
while(i<=100)
{
    sum+=i;
    i++;
}
printf("从 1 到 100 的总和为 :%d\n",sum);
return 0;
}
```

运行结果如图 3-13 所示。

图 3-13　从 1 到 100 的累加和（while）

（二）do-while 语句

do-while 语句其实是 while 语句的一个变体。该循环会先执行一次循环体，然后对条件表达式进行判断，若果条件为真，就会重复执行循环体，否则退出循环，其流程如图 3-14 所示。

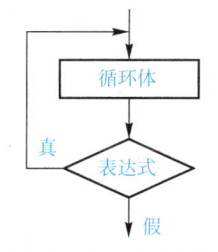

图 3-14　do-while 流程图

do-while 一般形式如下。

```
do{                 // 循环体
}while( 条件表达式 );
```

例：用 do-while 语句求 1 ～ 100 的累加和。

```c
#include<stdio.h>
int main(){
    int i=0;
    int num=1;
    do
    {
        i+=num;
        num++;
    } while(num<=100);

    printf("从 1 到 100 的总和为 :%d\n",i);
    return 0;
}
```

运行结果如图 3-15 所示。

从1到100的总和为:5050

图 3-15　从 1 到 100 的累加和（do-while）

（三）for 语句

for 语句是 C 语言中最常用的一种循环语句，它不仅可以用于循环次数已知的情况，还能用于循环次数未知而给循环结束条件的情况，该语句使用方便、灵活，它可以代替 while 循环语句。

for 语句是一种入口条件循环，即在执行循环之前就决定了否执行循环。因此，for 循环可能一次都不执行。

for 语句使用 3 个表达式控制循环过程，用分号隔开。表达式 1 在执行 for 语句之前只执行一次；然后对表达式 2 求值，如果表达式 2 为真（或非零）执行循环一次；接着对表达式 3 表达式求值，并再次检查表达式 2。如图 3-16 所示。

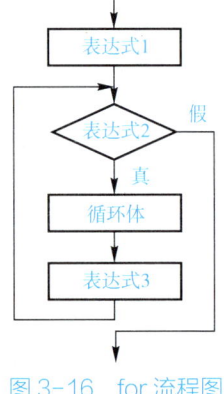

图 3-16　for 流程图

for 语句的一般形式如下。

```
for(表达式1 ;表达式2 ;表达式3)
{
循环语句（简单句或者是复合语句）
}
```

在表达式 2 为假或 0 前重复执行循环语句。
（1）表达式 1 为初始化部分，用于初始化循环变量。
（2）表达式 2 为条件判断部分，用于循环终止。
（3）表达式 3 为调整部分，用于循环条件的调整。
例：用 for 语句求 1～100 的累加和。

```
#include<stdio.h>
int main(){
    int i,sum=0;
    for(i=1;i<=100;i++)
    {
        sum=sum+i;
    }
printf("1 到 100 之间所有整数的和为 :%d\n",sum);
return 0;
}
```

运行结果如图 3-17 所示。

图 3-17　从 1 到 100 的累加和（for）

（四）三种循环语句的比较

　　C 语言中三种实现循环的语句，即：while 语句、do- while 语句和 for 语句。这三种循环语句的共同点是在程序中完成数据的重复计算和重复处理，在编程时，可以选用不同的循环语句，以满足程序的不同需要，它们的区别在于以下 4 点。

　　（1）while 和 do-while 循环语句，都是在 while 后面指定循环条件，在循环体中应包含使循环趋于结束的语句，如："i++"；或"i－－;"语句等。for 循环可以在表达式 3 中包含使循环趋于结束的语句，有时也将循环体语句放到表达式 3 中。凡是 while 循环能完成的功能，都可用 for 循环完成。

（2）使用 while 和 do-while 循环语句，循环变量初值应在 while 和 do-while 语句之前完成，而 for 循环，循环变量初值应在表达式 1 中完成。

（3）while 语句和 for 语句是属于先测试循环条件的语句，若循环条件不满足时，while 和 for 循环一次也不执行；而 do-while 语句是后测试循环条件的语句，若循环条件不满足时，循环体至少要执行一次。

（4）如果循环次数可以在进入循环语句之前确定，使用 for 语句；在循环次数难以确定时，使用 while 和 do-while 语句。

任务实施

二、程序编写步骤

第二行、第三行至最后一行，每行开头多了一个空格、两个空格以此类推，最后一行多了四个空格，可以用短横杠表示空格。

（一）创建或打开工程文件

新建工程文件，在工程名称文本框中，输入新工程的名称"c_paint3-3"，单击"确定"按钮，完成工程的创建。也可打开原有的工程文件。

（二）创建源程序文件

新建程序文件，在文件名文本框中，输入源程序名称"输出平行四边形图案"，单击"确定"按钮，完成文件的创建。"

（三）编写程序

在代码编辑区输入如下程序代码。

```c
#include<stdio.h>
int main(){
    int n=0,m,l;      //定义整型变量n、m、l
    while(n<5){       //图案有5行,n确保循环5次,控制行数
        l=0;
        m=0;
        while(m<n){   //由于n为行数,m<n确保每行输出n-1个空格
            printf(" ");
            m++;
        }
        while(l<10){  // l<10确保每行输出10个"O"
            printf("O");
            l++;
```

```
}
printf("\n");
n++;
}
return 0;
}
```

（四）编译运行结果

编译程序，如果无错误，单击工具栏的运行图标，运行结果如图 3-18 所示。

图 3-18　屏幕输出平行四边形图案

实训与练习

1. 使用循环结构在屏幕上输出等腰三角形，如图 3-19 所示。

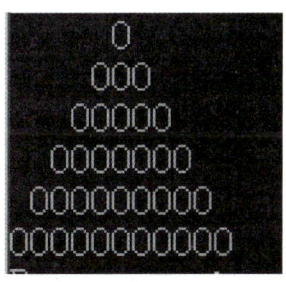

图 3-19　等腰三角形图案

2. 使用循环结构在屏幕上输出等腰梯形图案，如图 3-20 所示。

图 3-20　等腰梯形图案

3. 用 if 语句输入 3 个任意整数，输出其中的最大值。

4. 用 switch 语句实现从键盘输入成绩，转换成相应的等级后输出（90～100 分为优秀，70～89 分为良好，60～69 分为及格，59 分以下为不及格）。

5. 用 if 语句和 switch 语句分别编写程序，实现以下功能：从键盘输入数字 1，2，3，4，分别显示 excellent，good，pass，fail；输入其他键时显示 error。

项目四　用数组实现学生成绩统计

学习目标

1. 掌握一维数组类型的定义和元素的引用。
2. 掌握二维数组类型的定义和元素的引用。
3. 掌握应用数组编辑数据的能力。

课程思政

神威·太湖之光超级计算机
——结束了"中国只能依靠西方技术才能在超算领域拔得头筹"的时代

　　神威·太湖之光是中国具有完全自主知识产权的超级计算机，被称为"国之重器"。超级计算属于战略高技术领域，是世界各国竞相角逐的科技制高点，也是一个国家科技实力的重要标志之一。它的成功结束了"中国只能依靠西方技术才能在超算领域拔得头筹"的时代。

神威·太湖之光超级计算机——结束了"中国只能依靠西方技术才能在超算领域拔得头筹"的时代

项目描述

　　在前面的项目中学习了 C 语言的基本数据类型和程序的三种结构，有了这些知识，可以解决一些简单的问题。但在实际问题中往往需要面对成批的数据，如果仍采用基本数据类型来处理，就很不方便，甚至是不可能的。例如，要对一个 40 人的班级的某门课考试成绩进行排名，如果利用前面学习的变量类型表示学生成绩，需要设置 40 个简单变量来表示学生成绩，而且各变量之间相互独立，这样的变量就很难处理了。但是，使用数组来存放 40 名学生的成绩，再利用循环结构就能很容易地处理这个问题。

任务一　用一维数组实现学生成绩的统计

任务说明

编写一个程序，计算一个班 5 个学生数学的成绩总和、平均分、最高分、并显示最高分的学生学号是多少。要实现学生成绩的统计，首先要考虑的一个问题是学生成绩的存储。该任务用一个整型数组来存储学生成绩，数组长度比学生人数多一点。数组元素的下标对应学生的学号。

必备知识

一、一维数组

什么是数组呢？例如，一个学生上学就上一门课，他只需用手把书从家带到学校去，后来课程越来越多，要带的书也越来越多，这个时候就需要一个书包，这里"书"就相当于程序中的"数据"。用"手"拿着书，就相当于程序中用"简单数据类型"保存数据。书多了，类似于要保存的数据多了，"手"是简单数据类型不能满足需要。这个时候，"书包"也就是数组就出现了。

数组是一组数目固定、类型相同的数据项，也是数据项集中保存的一种方式。数组中的数据被称为数组元素。数组的特点是数组元素的个数是固定的，每个数组元素的类型相同、具有相同的数组名。

按照数组的维度进行分类，可以将数组分为一维数组、二维数组、多维数组等，数组维度也就是数组下标的数量，一维数组只有一个下标，二维数组有两个下标，三维数组有三个下标，多维数组有多个下标。如果说一维数组表示一种线性数据的组合，那么二维数组可以看作一个平面。

（一）一维数组的定义

在 C 语言中，使用数组同样遵循"先定义，后使用"的原则，一维数组定义的一般形式如下。

```
类型说明符  数组名 [ 常量表达式 ] ;
```

（1）"类型说明符"就是一种数据类型的关键字，int、float、char 等。
（2）"数组名"和之前所讲的变量名相同，要遵循标识符的命名规则。
（3）"[ ]"是 C 语言中数组下标运算符号。
（4）"[ ]"的"常量表达式"表示数据元素的个数，也称为数组的长度。相当于同时定义了一批变量，元素的下标从零开始。例如："int data[5] ;"，定义了一个数组名是 data 的整型数组，有 5 个元素，分别是 data[0]、data[1]、data[2]、data[3]、data[4]。

（5）"[ ]"中的"常量表达式"可以是一个常量或者常量表达式，它的数值必须固定，不能使用值不固定的变量或者变量表达式。

（6）允许在同一个类型说明中，说明多个数组和多个变量，它们之间用逗号分开。例如，"int a，stu_score[50]，stu_num[50];"，同时定义了一个整型变量 a，两个有 50 个元素的整型数组 stu_score 数组 stu_num。

（二）一维数组的初始化和赋值

学习过定义数组之后，开始学习如何使用数组来保存数据。在 C 语言中，往数组中存放数据有两种方式，分别是数组初始化和数组赋值。

1．一维数组的初始化

一维数组的初始化就是在定义数组时对所有的数组元素赋初值。一维数组的初始化比较灵活，有以下 2 种方式。

（1）对全部数组元素赋初值，例如。

```
int data[4]={3,0,5,0};
```

则数组中的各个元素的初值为：data[0]=3，data[1]=0，data[2]=5，data[3]=0。

全部数组元素赋初值时，可以省略长度。int data[ ]={3，0，5，0}；和 int data[4]={3，0，5，0}；是等价的。

（2）对部分数组元素赋初值。

对部分数组元素赋初值时，如果数据为零值，则可以省略，但是用以分隔数据的逗号不能省略。如果后面所有数据为零值，则可以省略，但长度不能省略，例如。

```
int data[4]={3,0,5,};和 int data[4]={3,0,5,0};是等价的。
int data[5]={3,,5,,};和 int data[5]={3,0,5,0,0};是等价的。
```

2．一维数组的赋值

（1）一维数组的赋值可以用赋值语句结合循环结构，例如。

```
int i,a[10];
for(i=0;i<=9;i++)
    a[i]=2*i-1;
```

（2）一维数组的赋值可以用输入语句结合循环结构。在学习过程中，经常会使用循环结构将数据放入数组中（也就是为数组逐个赋值），然后再使用循环结构输出（也就是依次读取数组元素的值），例如。

```c
#include<stdio.h>
int main(){
int nums[10];
int i;
for(i=0;i<10;i++){
  scanf("%d",&nums[i]);    // 从控制台读取用户输入的10个数，放入数组
}
  for(i=0;i<10;i++){
  printf("%d ",nums[i]);   // 依次输出数组元素
}
  return  0;
}
```

程序运行结果如图 4-1 所示。

图 4-1　一维数组赋值与输出

在第 6 行代码中，注意取地址符"&"，当 scanf 函数读取数据时需要一个地址（地址用来指明数据的存储位置），而 nums[i] 表示一个具体的数组元素，所以需要在前边加"&"来获取地址。

一维数组的赋值需要注意以下 3 点。

①数组中每个元素的数据类型必须相同，对于 int a[4]，每个元素都必须为 int 型。

②数组长度 length 最好是整数或者常量表达式，例如 10、20*4 等，只有这样才能在所有 C 语言编译器下都能被编译通过。如果 length 中包含了变量，例如，n、4*m 等，在某些 C 语言编译器下就会报错。

③访问数组元素时，数组下标的取值范围为 0 ≤ index<length，如果其值过大或过小，则就会越界，导致数组溢出，发生不可预测的情况。

任务实施

二、程序编写步骤

编写一个程序，计算一个班 5 个学生数学的成绩总和、平均分、最高分、并显示最高分的学生学号是多少。假设学号 1 同学成绩为 88 分，学号 2 同学成绩为 59 分，学号 3 同学成绩为 65 分，学号 4 同学成绩为 45 分，学号 5 同学成绩为 25 分，我们可以用学过的一维数组来考虑解决。

（一）创建或打开工程文件

新建工程文件，在工程名称文本框中，输入新工程的名称，"c_paint4-1"，单击"确定"按钮，完成工程的创建。也可打开原有的工程文件。

（二）创建源程序文件

新建源程序文件，在文件名文本框中，输入源程序名称"计算学生成绩"，单击"确定"按钮，完成文件的创建。

（三）编写程序

在代码编辑区输入如下代码。

```c
#include<stdio.h>
int main()
{
    float mathScores[5];
    float sum=0.0;
    float average;
    float maxScore=0.0;
    int maxStudentId=0;
    for(int i=0;i<5;i++)
    {
    printf("请输入第%d名学生的数学成绩:",i+1);
    scanf("%f",&mathScores[i]);
    sum+=mathScores[i];
    if(mathScores[i]>maxScore)
    {
    maxScore=mathScores[i];
    maxStudentId=i+1;
    }
    }
    average=sum/5;
    printf("\n成绩总和:%.2f\n",sum);
    printf("平均分:%.2f\n",average);
    printf("最高分:%.2f\n",maxScore);
    printf("最高分学生的学号:%d\n",maxStudentId);
return 0;
}
```

（四）编译运行结果

依次输入学生成绩表中的成绩回车，运行结果如图 4-2 所示。

图 4-2　学生成绩总和、平均分、最高分

任务二　实现一个班级学生多科成绩统计，并计算平均分

任务说明

编写一个程序，能实现对一个班学生多科成绩的统计，求每个人平均分。要实现一个班级学生多门学科成绩的统计，可以用一个二维数组来考虑解决。

必备知识

一、二维数组

（一）二维数组定义

上面介绍的数组是行连续的数据，只有一个下标，被称为一维数组。在实际问题中有很多数据是二维的或是多维的，因此 C 语言允许构造多维数组。多维数组元素有多个下标，以确定它在数组中的位置。本任务只介绍二维数组，多维数组可由二维数组类推而得到。

二维数组定义的一般形式如下。

```
数据类型  数组名[常量表达式1][常量表达式2];
```

例：定义一个 3×4 的数组。

```
float a[3][4];
```

可以把一个二维数组看成是一种特殊形式的一维数组，它的元素又是一个一维数组。把上例看成是一个一维数组，它有三个元素：a[0]，a[1]，a[2]，每个元素又是一个包含 4 个元素的一维数组。可以把 a[0]，a[1]，a[2] 看作是三个一维数组的名字，如下。

```
a[0]--a00 a01 a02 a03
a[1]--a10 a11 a12 a13
a[2]--a20 a21 a22 a23
```

在 C 语言中，二维数组中元素排列的顺序是：按行存放，即在内存中先顺序存放第一行的元素，再存放第二行的元素，最后存放第三行的元素。

a00→a01→a02→a03→a10→a11→a12→a13→a20→a21→a22→a23

（二）二维数组的初始化

可以在定义二维数组的同时对其初始化。
（1）分行给二维数组赋初值。

```
int score[4][5]={{1,2,3,4,5},{6,7,8,9,10},{11,12,13,14,15},{16,17,18,19,20}};
```

（2）可以将所有数据写在一个花括号内，按数组元素排列的顺序对各元素赋初值。

```
int score[4][5]={1,2,3,4,5,6,7,8,9,10,11,12,13,14,15,16,17,18,19,20};
```

矩阵中的元素由其所在的行与列就可以唯一确定，score[i][j] 表示矩阵中第 i 行，第 j 列的元素，如下。

```
score[0][0]=1, score[0][1]=2, score[0][2]=3, score[0][3]=4,
score[0][4]=5, score[1][0]=6, score[1][1]=7, score[1][2]=8,
score[1][3]=9, score[1][4]=10, score[2][0]=11, score[2][1]=12,
score[2][2]=13, score[2][3]=14, score[2][4]=15, score[3][0]=16,
score[3][1]=17, score[3][2]=18, score[3][3]=19, score[3][4]=20
```

（3）可以对部分元素赋初值，每一行后面没赋值的元素默认为 0，如下。程序运行结果如图 4-3（a）所示。

```
int mtrix[3][4]={{1},{5},{9}};
```

（4）可以对各行中的某一元素赋初值，如下。程序运行结果如图 4-3（b）所示。

```
int mtrix[3][4]={{1},{0,6},{0,0,0,11}};
```

（5）可以只对某几行元素赋初值，行后面没赋值的元素和没赋值的行的全部元素默认为 0，如下。程序运行结果如图 4-3（c）所示

```
int mtrix[3][4]={{1},{5,6}};
```

```
1 0 0 0          1 0 0 0          1 0 0 0
5 0 0 0          0 6 0 0          5 6 0 0
9 0 0 0          0 0 0 11         0 0 0 0
  (a)              (b)              (c)
```

图 4-3　二维数组赋值程序

（6）在定义二维数组并进行初始化时，允许省略其行数，但要注意，二维数组的列数在定义时不可省略，例如。

```
int score[ ][5]={{1,2,3,4,5},{6,7,8,9,10},{11,12,13,14,15},{16,17,18,19,20}};
```

等同于

```
int score[4][5]={1,2,3,4,5,6,7,8,9,10,11,12,13,14,15,16,17,18,19,20};
```

（7）二维数组元素的行、列下标均从 0 开始。

任务实施

二、程序编写步骤

编写一个程序求学生总分和平均分。

一个班 10 个学生的三门课的成绩如表 4-1 所示，求每个人的平均分。

表 4-1　学生成绩表

学号	Math	English	Chinese
1	80	88	89
2	90	87	88
3	88	54	87

续表

学号	Math	English	Chinese
4	92	89	92
5	87	65	78
6	80	78	81
7	66	87	78
8	0	54	60
9	87	88	87
10	88	87	80

（一）创建或打开工程文件

新建工程文件，在工程名称文本框中，输入新工程的名称"c_paint4-2"，单击"确定"按钮，完成工程的创建。也可打开原有的工程文件。

（二）创建源程序文件

新建源程序文件，在文件名文本框中，输入源程序名称"计算学生平均分和总分"，单击"确定"按钮，完成文件的创建。

（三）编写程序

在代码编辑区输入如下代码。

```c
#include <stdio.h>
int main(){
int score[10][3], i, j;
float sum[10], average[10];
printf("请分别输入十个学生的成绩:\n");
for(i =0 ;i<10;i++){
sum[i]=0;
average[i] = 0;
for(j = 0;j<3;j++){
scanf("%d",&score[i][j]);
sum[i]+=score[i][j];
average[i]=sum[i]/3;
}
}
for(i=0;i<10;i++)
printf("第%d个学生的总分为:%.2f,平均成绩为:%.2f\n",i+1,sum[i],average[i]);
return 0;
}
```

（四）编译运行结果

依次输入表 4-1 学生成绩表中的成绩回车，运行结果如图 4-4 所示。

图 4-4 学生总分和平均分

实训与练习

1. 用一维数组演示：将 1，2，3，4，5，6，7，8，9，10 这十个数字放入数组中。
2. 我们借助数组来输出一个 4x4 的矩阵
3. 将表 4-1 的学生考试成绩中算出各学科的总分，平均分数，找出各学科的第一名。

项目五　使用函数顺序显示字母

学习目标

1. 掌握函数的定义和分类。
2. 理解和掌握函数的参数和函数的值。
3. 掌握函数的调用。
4. 理解变量的作用域及存储类型。

课程思政

鸿蒙 4.0 开启"三足鼎立"之势

2023 年 8 月 4 日华为正式发布鸿蒙 4.0，这是对西方国家所谓的科技封锁的一次有力的回击，相信之后会有更多的科技公司能站出来打破各种技术封锁，为实现中华民族伟大复兴的中国梦贡献属于自己的一份力量。

鸿蒙 4.0 开启"三足鼎立"之势

项目描述

前面已经使用了 C 语言提供的部分库函数，如 printf( )、scanf( ) 等，它们由标准 C 语言系统提供，可以直接使用。而本项目中函数的功能是延时，目前库函数中没有，只有自己定义。本项目任务一就是要学习自己定义一个函数，并学会调用。任务二要理解 C 语言中的变量的作用域及存储类型。

任务一　以一定的时间间隔顺序显示字母

任务说明

多个字母的同时输出是比较简单的，但如果这些字母之间按照一定时间间隔出现，就需要在两个字母之间插入一段延时程序，有 n 个字母就要插入 n−1 段延时程序，显然写这种重复的代码，会比较烦琐。会不会有更方便的方法呢？

如果一个程序规模比较大，那么语句则比较多，如果将所有语句都写在同一个 main( ) 模块中，程序的编写、阅读、调试、修改将会非常困难。对于不同的项目，代码的可重用性低。如果程序语句都在一个文件中，一个开发团队间的协作将变得无比困难。

解决这些问题可采用模块化方法来组织程序代码。在 C 语言中，可将一个大的任务分解成若干个便于管理的模块，每个模块都能独立地进行调试，当每个模块都能正确工作时，再将它们组织在一起，从而完成整个系统的任务。这种模块化在 C 语言中就是用函数来实现的。

必备知识

一、函数的概念

函数是个可以反复使用的程序段，从其他的程序段中均可以通过调用语句来执行这段程序，完成既定的工作。

在一个用户程序中，如果在不同位置多次执行某项操作，就可以把完成这项操作的程序段从程序中独立出来，定义成函数，而原来程序中需要进行这个操作的程序段全部用一条函数调用语句替代，从而达到简化程序清单的目的。

C 程序是由函数组成的，实用程序往往由多个函数组成。函数是 C 程序的基本模块，通过对函数模块的调用实现特定的功能。C 语言中的函数相当于其他高级语言的子程序。C 语言不仅提供了丰富的库函数，还允许用户建立自己定义的函数。用户可把自己的算法编成一个个相对独立的函数模块，然后用调用方法来使用函数。C 程序的全部工作是由各式各样的函数完成的，所以 C 语言也称为函数式语言。由于采用函数模块式的结构，C 语言易于实现结构化程序设计，使程序的层次结构清晰，便于程序的编写、阅读、调试。

二、函数的分类

C 语言函数从不同的角度可以分为不同的类型：从用户使用的角度分类，可将其分为库函数和用户自定义函数；从函数完成任务的角度分类，可分为无返回值函数和有返回值函数；从函数的形式分类，可分为无参函数和有参函数。

(一) 库函数和用户自定义函数（从用户使用的角度分类）

1. 库函数

库函数也叫标准函数，它是由系统提供的，是用户可直接调用的函数。例如，printf( )、scanf( )、sqrt( )、pow( )、strcmp( ) 都是 C 语言的标准函数。

2. 用户自定义函数

用户自定义的函数就是用户根据需要，自行设计的函数。除了库函数，还可以编写自己的函数，拓展程序的功能。自己编写的函数称为自定义函数，对于用户自定义函数，不但要在程序中定义函数本身，而且在主调函数模块中还必须对该被调函数进行类型说明，然后才能使用。自定义函数和库函数在编写和使用方式上完全相同，只是由不同的机构来编写。

（二）无参函数和有参函数（从函数的形式分类）

1．无参函数

无参函数的函数定义、函数说明及函数调用中均不带参数，主调函数和被调函数之间不进行参数传送。这类函数通常用来完成一组指定的功能，可以返回或不返回函数值。

2．有参函数

有参函数也称带参函数。在定义及说明函数时出现的参数是形式参数（简称形参）。在调用函数时必须给出的参数是实际参数（简称实参）。进行函数调用时，主调函数将把实参的值传送给形参，供被调函数使用。

（三）无返回值函数和有返回值函数（从函数完成任务的角度分类）

1．无返回值函数

无返回值函数是指这类函数用于完成某项特定的处理任务，执行完成后不向调用者返回函数值。由于函数无须返回值，用户在定义这类函数时可以指定它的返回值的类型为"空类型"，空类型的说明符为 void。

2．有返回值函数

有返回值函数是指这类函数被调用执行完后，将向调用者返回一个执行结果，称为函数返回值。数学函数就属于这类函数。由用户定义的这种要返回函数值的函数，必须在函数定义和函数说明中明确返回值的类型。

（四）功能函数

功能函数按不同的功能用途又可分为：数学函数，图形函数，日期和时间函数，字符串函数。

1．数学函数

这类函数用于数学函数的计算。

2．图形函数

这类函数用于屏幕管理和绘制各种图形。

3．日期和时间函数

这类函数用于日期和时间转换操作。

4．字符串函数

这类函数用于字符串操作和处理。

需要指出的是：在 C 语言中，所有的函数定义，包括主函数 main( ) 在内，都是平行的。也就是说，在一个函数的函数体内，不能再定义另一个函数，即不能嵌套定义，但是函数之间允许相互调用，也允许嵌套调用。习惯上把调用者称为主调函数，函数还可以自己调用自己，称为递归调用。main( )函数是主函数，它可以调用其他函数，而不允许被其他函数调用。因此，C程序的执行总是从main( )函数开始，完成对其他函的数的调用后再返回main( )函数，最后由main( )函数结束整个程序。一个C源程序必须有且只能有一个主函数main( )。

三、函数的定义

1．无参函数的一般形式

无参函数的一般形式如下。其中类型说明符和函数名称为函数头，类型说明符指明了本函数的类型，函数的类型实际上是函数返回值的类型。该类型说明符与前面介绍的各种说明符相同。函数名是用户定义的标识符，函数名后有一个空括号，其中无参数，但括号不可少。{ }中的内容称为函数体，在函数体中也有说明语句序列，这是对函数体内部所用到的变量的类型说明。

```
函数类型说明符    函数名 ()
{
说明语句序列；
执行语句序列；
}
```

在一般情况下都不要求无参函数有返回值，此时函数类型符可以写为void.

例：定义一个无参函数。

```c
#include<stdio.h>
int main()
{
  printf("Hello,world \n");
return 0;
}
```

把main改为Hello作为函数名，其余不变。Hello函数是一个无参函数，当被其他函数调用时，输出Hello，world字符串。

2．有参函数的一般形式

有参函数的一般形式如下，其中有参函数比无参函数多了两个内容，其一是形式参数表，其二是形式参数类型说明。在形参表中给出的参数称为形式参数，它们可以是各种类型的变量，各参数之间用逗号间隔，在进行函数调用时，主调函数将赋予这些形式参数实际的值。形参既然是变量，必须加以类型说明。

```
类型说明符 函数名(形式参数表);
{
形式参数类型说明;
说明语句序列;
执行语句序列;
}
```

例：定义一个函数，用于求两个数中的大数。

```
int max(a,b){
int a,b;
{
if(a>b)return a;
  else return b;
  }
}
```

第一行说明 max 函数是一个整型函数，其返回的函数值是一个整数，形参为 a，b。

第二行说明 a,b 均为整型量。a,b 的具体值是由主调函数在调用时传送过来的。

在 {} 中的函数体内，除形参外没有使用其他变量，因此只有语句而没有变量类型说明。

上面这种定义方法称为传统格式。这种格式不易于编译系统检查，从而会引起一些非常细微而且难于跟踪的错误。

ANSI C 的新标准中把对形参的类型说明合并到形参表中，称为现代格式。max 函数用现代格式可定义为如下形式。

```
int max(int a,int b)
  {  if(a>b)return a;
    else return b;}
```

在 max 函数体中的 return 语句是把 a(或 b) 的值作为函数的值返回给主调函数。返回值函数中至少应有一个 return 语句。

在 C 程序中，一个函数的定义可以放在任意位置，既可放在主函数 main 之前，也可放在 main 之后，例如。

```
#include<stdio.h>
int max(int a,int b){
  if(a>b)return a;
```

```
        else return b;
    }
int main(){
 int max(int a,int b);      /* 此语句可不要 */
    int x,y,z;
    printf("input two numbers:\n");
    scanf("%d%d",&x,&y);
    z=max(x,y);
    printf("max=%d",z);
    return 0;
    }
```

可以从函数定义、函数说明及函数调用的角度来分析整个程序，进一步了解函数的各种特点。程序的第2行至第5行为max()函数定义。进入主函数后，因为准备调用max()函数，故先对max()函数进行说明（程序第7行）。函数说明与函数定义中的函数头部分相同，但是末尾要加分号。程序第11行为调用max()函数，并把x，y中的值传送给max()函数的形参a，b。max()函数执行的结果（a或b）将返回给变量z。最后由主函数输出z的值。

上面这种格式是将函数定义放在了main()函数之前。故main()函数中的int max（int a，int b）；语句可以不必写。下面是将函数定义放在了main()函数之后。main()函数中的int max(int a,int b);语句必须写上。请读者注意这两种写法的区别。

```
#include<stdio.h>
 int main()
 {
 int max(int a,int b);              /* 此语句不可少 */
    int x,y,z;
    printf("input two numbers:\n");
    scanf("%d%d",&x,&y);
    z=max(x,y);
    printf("max=%d",z);
    return 0;
 }
 int max(int a,int b)
{
 if(a>b)return a;
    else return b;
}
```

四、函数的参数和函数的值

函数的一个明显特征就是使用时带括号()，有必要的话，括号中还要包含数据或变量，称其为参数（Parameter）。参数是函数需要处理的数据，例如。

```
strlen(str1);// 用来计算字符串的长度,str1 就是参数。
puts("C语言");// 用来输出字符串,"C语言"就是参数。
```

C语言函数的参数会出现在两个地方，分别是函数定义处和函数调用处，这两个地方的参数是有区别的。

（一）形参（形式参数）

在函数定义中出现的参数可以看作是一个占位符，它没有数据，只能等到函数被调用时接收传递进来的数据，所以称其为形式参数，简称形参。

（二）实参（实际参数）

函数被调用时给出的参数包含了实实在在的数据，会被函数内部的代码使用，所以称其为实际参数，简称实参。

（三）形参和实参的区别与联系

（1）形参变量只有在函数被调用时才会分配内存，调用结束后，立刻释放内存。

（2）实参可以是常量、变量、表达式、函数等，无论实参是何种类型的数据，在进行函数调用时，它们都必须有确定的值，以便把这些值传递给形参，所以应该提前用赋值、输入等办法使实参获得确定值。

（3）实参和形参在数量上、类型上和顺序上必须严格保持一致，否则会发生"类型不匹配"的错误。如果能够进行自动类型转换，或者进行了强制类型转换，那么实参类型也可以不同于形参类型。

（4）函数调用中发生的数据传递是单向的，即只能把实参的值传递给形参，而不能把形参的值反向传递给实参。一旦完成数据的传递，实参和形参就再也没有联系了。所以，在函数调用过程中，形参的值发生改变并不会影响实参。

例： 计算从 a 加到 b 的值。

```
#include<stdio.h>
int sum(int a, int b){
int i;
for(i=a+1;i<=b;++i){
a+=i;
}
```

```
    return a;
}
int main(){
int Date1,Date2,total;
printf("请输入两个整数:");
scanf("%d%d",&Date1,&Date2);
total=sum(Date1, Date2);
printf("Date1=%d, Date2=%d\n",Date1, Date2);
printf("total=%d\n", total);
return 0 ;
}
```

程序运行结果如图 5-1 所示。

图 5-1　a 加到 b 的值

在这段代码中，函数定义语句中的 a、b 是形参，函数调用语句中的 Date1、Date2 是实参，通过 scanf 函数可以读取用户输入的数据，并赋值给 a、b，在调用 sum 函数时，实参 Date1、Date2 的值会分别传递给形参 a、b。

从运行情况来看，输入 Date1 的值为 4，即实参 Date1 的值为 4，把这个值传递给函数 sum 后，形参 a 的初始值也为 4，在函数执行过程中，形参 a 的值变为 15。函数运行结束后，输出实参 Date1 的值仍为 4，可见实参的值不会随形参值的变化而变化。

以上调用 sum 函数时是将变量作为函数的实参，也可以将常量、表达式和函数返回值作为实参，例如。

```
total=sum(10,98);              //将常量作为实参
total=sum(a+10,b-3);           //将表达式作为实参
total=sum(pow(2,2),abs(-100)); //将函数返回值作为实参
```

（5）形参和实参虽然可以同名，但它们之间是相互独立和互不影响的，实参在函数外部有效，而形参只在函数内部有效。

例：更改上面的代码，让实参和形参同名。

```
#include<stdio.h>
```

```
int sum(int a, int b) {
int i;
for(i=a+1;i<=b;++i){
a+=i;
}
return a;
}
int main(){
int a, b, total;
printf("请输入两个整数:");
scanf("%d %d",&a,&b);
total=sum(a,b);
printf("a=%d,b=%d\n",a,b);
printf("total=%d\n",total);
return 0;
}
```

调用 sum 函数后，函数内部的形参 a 的值已经发生了变化，而函数外部的实参 a 的值依然保持不变，可见它们是相互独立的两个变量，除了传递参数的一瞬间，其他时候是没有联系的。

（6）实参与形参结合的原则。当实参为常量、变量、表达式或数组元素时，对应的形参只能是变量名；当实参为数组名时，对应的形参必须是同类型的数组名或指针变量。

五、函数的调用

（一）函数的嵌套调用

C 语言中不允许做嵌套的函数，因此各函数之间是平行的，不存在上一级函数和下一级函数的问题。但是 C 语言允许在一个函数的定义中出现对另一个函数的调用，这样就出现了函数的嵌套调用，即在被调函数中又调用其他函数，这与其他语言的子程序嵌套的情形是类似的。其关系如图 5-2 所示。

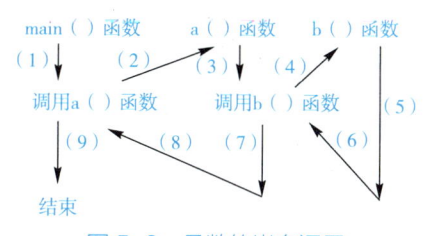

图 5-2 函数的嵌套调用

图 5-2 中表示了两层嵌套的情形。其执行过程是：执行 main( ) 函数中调用 a( ) 函数的语句时，转去执行 a( ) 函数，在 a( ) 函数中调用 b( ) 函数时，又转去执行 b( ) 函数，b( ) 函数执行完毕返回 a( ) 函数的断点继续执行，a( ) 函数执行完毕返回 main( ) 函数的断点继续执行。

例：计算 $s=2^2!+3^2!$。

分析：本题可编写两个函数，一个是用来计算平方值的函数 f1( )，另一个是用来计算阶乘值的函数 f2( )。主函数先调用函数 f1( ) 计算出平方值，在函数 f1( ) 中以平方值为实参，调用函数 f2( ) 计算其阶乘值，然后返回函数 f1( )，最后返回主函数，在循环程序中计算累加之和，程序代码如下。

```c
#include<stdio.h>
#include<vector>
#include<iostream>
using namespace std;
long f1(int p){
    int k;
    long r;
    long f2(int);
    k=p*p;
    r=f2(k);
    return r;
}
long f2(int q){
    long c=1;
    int i;
    for(i=1;i<=q;i++)
        c=c*i;
    return c;
}
int main(){
    int i;
    long s=0;
    for(i=2;i<=3;i++)
        s=s+f1(i);
    printf("\ns=%1d\n",s);
    return 0;
}
```

程序运行结果如图 5-3 所示。

图 5-3　s=2^2!+3^2! 的程序运行结果

在程序中，函数 f1( ) 和 f2( ) 均为长整型，都在主函数之前定义，故不必再在主函数中对函数 f1( ) 和 f2( ) 加以说明。

在主程序中，执行循环程序依次把 i 的值作为实参去调用函数 f1( )，在函数 f1( ) 中完成求 i2 的值。在函数 f1( ) 中又发生对函数 f2( ) 的调用，这时把 i2 的值作为实参去调用函数 f2( )，在函数 f2( ) 中完成求 i2! 的值。

函数 f2( ) 执行完毕把 c 值（i2!）返回给函数 f1( )，再由函数 f1( ) 返回主函数实现累加。至此，由函数的嵌套调用实现了题目的要求。由于数值很大，所以将函数和一些变量的类型都说明为长整型，否则会造成计算错误。

（二）函数的递归调用

递归调用是一种特殊的嵌套调用，是某个函数调用自己，而不是另外一个函数。递归调用是一种解决方案和逻辑思想，将一个大工作分为逐渐减小的小工作。例如，一个学生要搬 50 块石头，他想，只要先搬 49 块，那么剩下的一块就能搬完了，然后考虑那 49 块，只要先搬 48 块，那么剩下的一块就能搬完。递归是一种思想，只不过在程序中，是通过函数嵌套这个特性来实现的。

递归调用就是在当前的函数中调用当前的函数并传给相应的参数，这是一个动作，这个动作是层层进行的，直到满足某一特定的条件时，才停止递归调用，开始从最后一个递归调用返回。

例：用递归调用计算 n!。

分析：这是一个典型的递归函数。调用 fact( ) 后即可进入函数体，只有当 n==0 或 n==1 时函数才会执行完毕，否则就一直调用它自身。由于每次调用的实参为 n-1，即把 n-1 的值赋给形参 n，所以每次递归实参的值都减 1，直到最后 n-1 的值为 1 时再做递归调用，形参 n 的值也为 1 时，递归就终止了，会逐层退出。以 6！为例 6！=6*5！，5！=5*4！，….，1!=1

阶乘 n! 的计算公式如下。

当 n==1 或 n==0 时 ,n!=1,n>1 时 ,n!=n*(n-1)！

程序代码如下。

📎 笔记

```
#include<stdio.h>
long fact(int n){
    long r;
    if(n==0||n==1)
    {
       r=1;
    }
    else
    {
       r=fact(n-1)*n;
    }
    return r;
}
int main(){
    long m;
    int n;
    printf("请输入求阶乘的正整数:");
    scanf("%d",&n);
    m=fact(n);
    printf("正整数%ld的阶乘是:%d\n",n,m);
    return 0;
}
```

程序运行结果如图 5-4 所示。

```
"D:\VC6.0\Debug\n!.exe"
请输入求阶乘的正整数:12
正整数12的阶乘是:479001600
Press any key to continue
```

图 5-4 用递归调用计算 n! 程序

(三) 返回值

当被调用函数完成一定的功能后，可将处理的结果返回到调用函数，这种数据传递称为函数的返回值。如果函数有返回值，则在函数体内应包含 return 语句，格式如下。

```
return(表达式);
或 return 表达式;
```

将表达式的值返回给调用函数，结束被调用函数的执行，并将程序的控制权返回到调用它的函数。

函数返回值的类型应与函数的类型一致。如不一致，以函数类型为准，对返回值进行类型转换，然后传递给调用函数，例如。

```
int f(){
return 3.5;
}
int main(){
int a=f();      /*a 被初始化为 3*/
}
```

一个函数可以有多个 return 语句，但只可能执行其中一个，例如。

```
int max(int x,int y){
if(x>y)
return x;
else
return y;
}
```

任务实施

六、程序编写步骤

根据本任务中学习知识点，采用函数方法来实现按一定的顺序和时间间隔显示字母"A""B""C""D"…字母的出现间隔 1 秒的时序效果。

（一）创建或打开工程文件

新建工程文件，在工程名称文本框中，输入新工程的名称"c_paint5-1"，单击"确定"按钮，完成工程的创建。也可打开原有的工程文件。

（二）创建源程序文件

新建源程序文件，在文件名文本框中，输入源程序名称"间隔显示字母"，单击"确定"按钮，完成文件的创建。"

（三）编写程序

在代码编辑区输入如下代码。

```c
#include<stdio.h>
#include<stdlib.h>
void delay(int n){
int i,j;
for(j=0;j<n ;j++)
for(i=1;i<100000000;i++);
}
int main(){
printf("A");delay(10);           printf("B");delay(10);
printf("C");delay(10);           printf("D");delay(10);
printf("E\n");delay(10);         printf("F");delay(10);
printf("G");delay(10);           printf("H");delay(10);
printf("I");delay(10);           printf("J\n");delay(10);
printf("K");delay(10);           printf("L");delay(10);
printf("M");delay(10);           printf("N");delay(10);
printf("O\n");delay(10);         printf("P");delay(10);
printf("Q");delay(10);           printf("R");delay(10);
printf("S");delay(10);           printf("T\n");delay(10);
printf("U");delay(10);           printf("V");delay(10);
printf("W");delay(10);           printf("X");delay(10);
printf("Y\n");delay(10);         printf("Z\n");delay(10);
return 0;
}
```

（四）编译运行结果

编译运行结果，如图 5-5 所示，出现 A 后间隔 1 秒显示 B，再间隔 1 秒显示 C，以此类推……

图 5-5　以 1 秒时间延时输出的结果

任务二　计算一个长方体的体积和三个面的面积

任务说明

计算一个长方体的体积和三个面的面积，C 语言中的函数只能有一个返回值，只能将其中的一份数据，也就是体积 v 放到返回值中，而将面积 s1、s2、s3 设置为全局变量。全局变量的作用域是整个程序，在函数 vs( ) 中修改 s1、s2、s3 的值，能够影响到包括 main( ) 函数在内的其它函数。

必备知识

一、局部变量和全局变量

在讨论函数的形参变量时曾经提到，形参变量只在被调用期间才分配内存单元，调用结束立即释放。这一点表明形参变量只有在函数内才是有效的，离开函数就不能再使用。这种变量有效性的范围称变量的作用域。C 语言中所有的变量都有自己的作用域。变量说明的方式不同，其作用域也不同。

C 语言中的变量，按作用域范围可分为两种，即局部变量和全局变量。

（一）局部变量

1. 局部变量的定义

局部变量也称为内部变量。局部变量是在函数内作定义说明的。其作用域仅限于函数内，离开该函数后再使用这种变量是非法的，例如。

```
#include<stdio.h>
int f1(int a)              /* 函数 f1*/
{
int b,c;
…
}                          /* a,b,c 作用域 */
int f2(int x)              /* 函数 f2*/
{
int y,z;
}                          /* x,y,z 作用域 */
main()
{
int m,n;
```

```
    ...
}                              /* m,n 作用域 */
```

在函数 f1( ) 内定义了三个变量，a 为形参，b，c 为一般变量。在函数 f1( ) 的范围内 a，b，c 有效，或者说 a，b，c 变量的作用域限于函数 f1( ) 内。同理，x，y，z 的作用域限于函数 f2( ) 内。m，n 的作用域限于 main( ) 函数内。

2．局部变量的说明

（1）主函数中定义的变量也只能在主函数中使用，不能在其他函数中使用。同时，主函数中也不能使用其他函数中定义的变量。因为主函数也是一个函数，它与其他函数是平行关系。这一点是与其他语言不同的，应予以注意。

（2）形参变量是属于被调函数的局部变量，实参变量是属于主调函数的局部变量。

（3）允许在不同的函数中使用相同的变量名，它们代表不同的对象，分配不同的单元，互不干扰，也不会发生混淆。

（4）在复合语句中也可定义变量，其作用域只在复合语句范围内，例如：

```
#include<stdio.h>
main()
{ int s,a;
...
{   int   b;
s=a+b;
...                  /*b 作用域 */
}
...                  /*s,a 作用域 */
}
```

例：分析如下程序变量作用域及输出的结果。

```
#include<stdio.h>
 int main(){
    int i=2,j=3,k;
    k=i+j;
{
    int k=8;
    if(i=3) printf("%d\n",k);
}
    printf("%d\n%d\n",i,k);
return 0;
}
```

程序运行结果如图 5-6 所示。

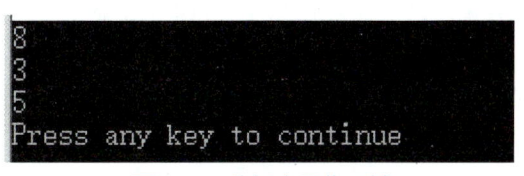

图 5-6　分析变量作用域

本程序在 main 中定义了 i，j，k 三个变量，其中 k 未赋初值。而在复合语句内又定义了一个变量 k，并赋初值为 8。应该注意这两个 k 不是同一个变量。在复合语句外由 main 定义的 k 起作用，而在复合语句内则由在复合语句内定义的 k 起作用。因此程序第 4 行的 k 为 main 所定义，其值应为 5。第 7 行输出 k 值，该行在复合语句内，由复合语句内定义的 k 起作用，其初值为 8，故输出值为 8，第 9 行输出 i，k 值。i 是在整个程序中有效的，第 7 行对 i 赋值为 3，故输出也为 3。而第 9 行已在复合语句之外，输出的 k 应为 main 所定义的 k，此 k 值由第 4 行已获得为 5，故输出也为 5。

（二）全局变量

1. 全局变量的定义

全局变量也称为外部变量，它是在函数外部定义的变量。它不属于哪一个函数，它属于一个源程序文件。其作用域是整个源程序。

在函数中使用全局变量，一般应作全局变量说明。只有在函数内经过说明的全局变量才能使用。全局变量的说明符为 extern。但在一个函数之前定义的全局变量，在该函数内使用可不再加以说明，例如。

```
#include<stdio.h>
int a,b;                    /* 外部变量 */
void f1()                   /* 函数 f1*/
{
...
}
float x,y;                  /* 外部变量 */
 int fz()                   /* 函数 fz*/
{
...
}
main()                      /* 主函数 */
{
...
}
```

从上例可以看出 a、b、x、y 都是在函数外部定义的外部变量，都是全局变量。但 x，y 定义在函数 f1( ) 之后，而在函数 f1( ) 内又无对 x，y 的说明，所以它们在函数 f1( ) 内无效。a，b 定义在源程序最前面，因此在函数 f1( )，函数 f2( ) 及主函数 main( ) 内不加说明也可使用。

例：输入长方体的长宽高 l，w，h，求体积 v 及三个面 sl，sw，sh 的面积。

```
#include<stdio.h>
int sl,sw,sh;
int vs(int a,int b,int c)
{
  int v;
  v=a*b*c;
  sl=a*b;
  sw=b*c;
  sh=a*c;
  return v;
}
int main()
{
int v,l,w,h;
printf("\n input length,width and height \n");
scanf("%d%d%d" ,&l,&w,&h);
v=vs(l,w,h);
printf("v=%d sl=%d sw=%d sh=%d\n",v,sl,sw,sh);
return 0;
}
```

本程序中定义了二个外部变量 sl，sw，sh，用来存放三个面积，其作用域为整个程序。函数 vs( ) 用来求正方体体积和三个面积，函数的返回值为体积 v。由主函数完成长宽高的输入及结果输出。由于 C 语言规定函数返回值只有一个，当需要增加函数的返回数据时，用外部变量是一种方式。

本例中，如不使用外部变量，在主函数中就不能取得 v，sl，sw，sh 四个值。而采用外部变量，在函数 vs( ) 中求得的 sl，sw，sh 值在主函数 main( ) 中仍然有效。因此外部变量是实现函数之间数据通信的有效手段。

2. 全局变量的说明

（1）外部变量定义必须在所有的函数之外，且只能定义一次，一般形式如下。

[extern] 类型说明符变量名，变量名，…；

其中方括号内的 extern 可以省去不写，例如。

int a,b;等效于extern int a,b;

外部变量说明可以出现在要使用该外部变量的各个函数内，在整个程序内，会出现多次。外部变量定义可作初始赋值，外部变量说明不能再赋初始值，只是表明在函数内要使用某外部变量。

（2）在不必要时尽量不要使用全局变量。

变量可加强函数模块之间的数据联系，使得函数的独立性降低。从模块化程序设计的观点来看，这是不利的。

（3）在同一源文件中，允许全局变量和局部变量同名。在局部变量的作用域内，全局变量不起作用。局部变量和全局变量同名时，局部变量起作用，例如。

```
#include<stdio.h>
int vs(int l,int w)
{
    extern int h;
    int v;
    v=l*w*h;
    return v;
}
int main()
{
    extern int w,h;
    int l=5;
    printf("v=%d",vs(l,w));
    return 0;
}
int l=3,w=4,h=5;
```

本程序中，外部变量在最后定义，因此在前面函数中对要用的外部变量必须进行说明，外部变量 l, w 和 vs 函数的形参 l, w 同名。外部变量都作了初始赋值，main 函数中也对 l 作了初始化赋值。执行程序时，在 printf 语句中调用 vs 函数，实参 l 的值为 main 函数中定义的 l 值，等于 5，外部变量 l 在 main 函数内不起作用；实参 w 的值为外部变量 w 的值，等于 4，进入 vs 函数后这两个值传送给形参 l, vs 函数中使用的 h 为外部变量，其值为 5，因此 v 的计算结果为 100，返回主函数后输出。

二、变量的存储类型

所谓存储类型是指变量占用内存空间的方式，也称为存储方式。变量的存储方式可分为"静态存储"和"动态存储"两种。

(一) 动态存储方式与静态存储方式

静态存储变量通常是在变量定义时就分定存储单元并一直保持不变,直至整个程序结束。全局变量即属于此类存储方式。

动态存储变量是在程序执行过程中,使用它时才分配存储单元,使用完毕立即释放。典型的例子是函数的形式参数,在函数定义时并不给形参分配存储单元,只是在函数被调用时,才予以分配,调用函数完毕立即释放。如果一个函数被多次调用,则反复地分配、释放形参变量的存储单元。

静态存储变量是一直存在的,而动态存储变量则时而存在时而消失。这种由于变量存储方式不同而产生的特性称变量的生存期。

生存期表示变量的存在时间。生存期和作用域是从时间和空间这两个不同的角度来描述变量的特性,这两者既有联系,又有区别。一个变量属于哪一种存储方式,不能仅从其作用域来判断,还应有明确的存储类型说明。

在 C 语言中,对变量的存储类型说明有四种:auto(自动变量)、register(寄存器变量)、extern(外部变量)、static(静态变量)。自动变量和寄存器变量属于动态存储方式,外部变量和静态变量属于静态存储方式。

在介绍了变量的存储类型之后,可以知道对一个变量的说明,不仅应说明其数据类型,还应说明其存储类型。变量说明的完整形式如下。

```
存储类型说明数据类型说明变量名,变量名,……
static int a,b;                    // 说明 a,b 为静态类型变量
auto char c1,c2;                   // 说明 c1,c2 为自动字符变量
static int a[5]={1,2,3,4,5};       // 说明 a 为静态整型数组
extern int x,y;                    // 说明 x,y 为外部整型变量
```

(二) 动态存储分类

1. 自动变量 auto

自动变量存储类型是 C 语言程序中使用最广泛的一种类型。C 语言规定,函数内未加存储类型说明的变量均视为自动变量,即自动变量可省去说明符 auto。在前面各项目的程序中所定义的变量凡未加存储类型说明符的都是自动变量。例如。

```
{ int i,j,k;          等价于:      { auto int i,j,k;
  char c;                            auto char c;
  …                                  …
}                                   }
```

自动变量具有以下特点。

(1) 自动变量的作用域仅限于定义该变量的个体内。在函数中定义的自动变

量，只在该函数内有效。在复合语句中定义的自动变量只在该复合语句中有效，例如。

```
 int kv(int a)
{ auto int x,y;
  ...
}                    /* a,x,y 的作用域 */
```

（2）自动变量属于动态存储方式。只有在定义该变量的函数被调用时，才给它分配存储单元，开始它的生存期。函数调用结束，释放存储单元，结束生存期。因此函数调用结束后，自动变量的值不能保留。在复合语句中定义的自动变量，在退出复合语句后也不能再使用，否则将引起错误，例如。

```
#include<stdio.h>
int main()
{ auto int a;
    printf("\n input a number:\n");
    scanf("%d" ,&a);
        if(a>0){
                auto int s,p;
                s=a+a;
                p=a*a;}
    printf("s=%d p=%d\n",s,p);
    return 0;
}
```

本程序在 s，P 是在复合语句内定义的自动变量只能在该复合语句内有效。而程序的第 10 行却是退出复合语句之后用 printf 语句输出 s，p 的值，这显然会引起错误。

（3）不同的函数体中允许使用同名的变量。由于自动变量的作用域和生命周期都局限于定义它的个体内（函数或复合语句内），因此不会混淆。即使在函数内定义的自动变量也可与该函数内部的复合语句中定义的自动变量同名，例如。

```
#include<stdio.h>
int main()
{
    auto int a,s=100,p=100;
    printf("\n input a number:\n");
    scanf("%d",&a);
```

```
            if(a>0)
        { auto int s,p;
            s=a+a;
            p=a*a;
            printf("s=%d p=%d\n",s,p);
            }
    printf("s=%d p=%d\n",s,p);
    return 0;
    }
```

本程序在 main 函数中和复合语句内两次定义了变量 s、p 为自动变量。按照 C 语言的规定，在复合语句内，应由复合语句中定义的 s、p 起作用，故 s 的值应为 a+a，p 的值为 a*a，退出复合语句后的 s、p 应为 main 函数所定义的 s、p，其值在初始化时给定，均为 100。

从输出结果可以分析出两个 s 和两个 p 虽变量名相同，但却是两个不同的变量。

2．寄存器变量 register

上述各类变量都存放在存储器内，当对一个变量频繁读写时，必须要反复访问存储器，从而花费大量的存取时间。为此，C 语言提供了另一种变量，即寄存器变量。这种变量存放在 CPU 的寄存器中，使用时不需要访问内存，而直接从寄存器中读写，可提高效率，对于循环次数较多的循环控制变量及循环体内反复使用的变量均可定义为寄存器变量。

例：求 s=1+2+……+2000

```
#include<stdio.h>
int main(){
 register i,s=0;
for(int i=1;i<=2000;i++)
s=s+i;
printf("s=%d\n",s);
return 0;
}
```

本程序循环 2 000 次，i 和 s 都将频繁使用，因此可定义为寄存器变量。

对寄存器变量的说明：

（1）只有局部自动变量和形式参数才可以定义为寄存器变量。因为寄存器变量属于动态存储方式。凡需要采用静态存储方式的量不能定义为寄存器变量。

（2）在微机上使用的 C 语言，实际是把寄存器变量当成自动变量处理。因此速度并不能提高。而在程序中允许使用寄存器变量，只是为了与标准 C 语言保持一致。

（3）即使能真正使用寄存器变量的机器，由于 CPU 中寄存器的个数是有限的，使用寄存器变量的个数也是有限的。

（三）静态存储

1. 静态变量 static

静态变量属于静态存储方式，但是属于静态存储方式的变量不一定就是静态变量，如外部变量虽属于静态存储方式，但不一定是静态变量，必须由 static 定义后才能成为静态外部变量，或称静态全局变量。

对于自动变量，前面已经介绍它属于动态存储方式。但是也可以用 static 定义它为静态自变量，或称静态局部变量，从而成为静态存储方式。

一个变量可由 static 进行再说明，改变其原有的存储方式。

（1）静态局部变量。

在局部变量的说明前，再加上 static 说明符就构成静态局部变量，例如。

```
static int a,b;
static float array[5]={1,2,3,4,5};
```

静态局部变量属于静态存储方式，它具有以下特点。

①静态局部变量在函数内定义，但不像自动变量那样，当调用时就存在，退出函数时就消失。静态局部变量始终存在，生存期为整个源程序。

②静态局部变量的生存期虽然为整个源程序，但是其作用域仍与自动变量相同，即只能在定义该变量的函数内使用该变量。退出该函数后，尽管该变量还继续存在，但不能使用它。但再次调用定义该变量的函数时，它又可继续使用，而且保存了前次被调用后留下的值。当多次调用一个函数且要求在调用之间保留某些变量的值时，可考虑采用静态局部变量。虽然全局变量也可以达到上述目的，但全局变量有时会造成意外的副作用，因此采用静态局部变量为宜。

③允许对构造类静态局部变量赋初值，若未赋初值，则由系统自动赋以 0 值。

④对基本类型的静态局部变量若在说明时未赋以初值，则系统自动赋予 0 值。而对自动变量不赋初值，则其值是不定的。

例：分析程序，给出运行结果。

```
#include<stdio.h>
int main()
{ int i;
  void f();                          /* 函数说明 */
      for(i=1;i<=5;i++)
          f();                       /* 函数调用 */
  return 0;
}
void f()                             /* 函数定义 */
```

```
{  auto int j=0;
   ++j;
   printf("%d\t",j);
}
```

运行结果为：

1   1   1   1   1

程序中定义了函数 f( )，其中的变量 j 说明为自动变量并赋予初始值为 0。当主函数 main( ) 中多次调用函数 f( ) 时，j 均赋初值为 0，故每次输出值均为 1。现在把 j 改为静态局部变量，程序如下。

```
#include<stdio.h>
int main()
{  int i;
   void f();                    /* 函数说明 */
        for(i=1;i<=5;i++)
            f();                /* 函数调用 */
   return 0;
}
void f()                        /* 函数定义 */
{  static int j=0;
   ++j;
   printf("%d\t",j);
}
```

运行结果为：

1   2   3   4   5

由于 j 为静态变量，能在每次调用后保留其值并在下一次调用时继续使用，所以输出值为累加的结果。

（2）静态全局变量。

全局变量（外部变量）的说明之前再冠以 static 就构成了静态的全局变量。全局变量是静态存储方式，即静态全局变量也是静态存储方式，这两者在存储方式上相同。

非静态全局变量的作用域是整个源程序，当一个源程序有多个源文件组时，非静态的全局变量在各个源文件中都有效。静态全局变量限制了其作用域，只在定义该变量的源文件内有效，在同一源程序的其他源文件中不能使用它。静态全局变量的作用域局限于一个源文件内，只能为该源文件内的函数公用，可以避免在其他源文件中引起错误。

从以上分析可以看出，把局部变量改变为静态变量后是改变了它的存储方式，即改变了它的生存期。把全局变量改为静态变量是改变了它的作用域，限制了它的使用范围。因此 static 这个说明符在不同的地方所起的作用是不同的，应予以注意。

2．外部变量 extern

在前面介绍全局变量时已介绍过外部变量。这里再补充说明外部变量的3个特点。

（1）外部变量和全局变量是对同一类变量的两种不同角度的提法。

（2）全局变量是从它的作用域提出的，外部变量是从它的存储方式提出的，表示它的生存期。

（3）当一个源程序由若干个源文件组成时，在一个源文件中定义的外部变量中在其他的源文件中也有效。

例：有一个源程序由源文件 F1.C 和 F2.C 组成。

```
F1.C（源文件一）
int a,b;                /* 外部变量定义 */
char c;                 /* 外部变量定义 */
main()
{…}
F2.C（源文件二）
extern int a,b;         /* 外部变量说明 */
extern char c;          /* 外部变量说明 */
func(int x,y)
{…}
```

在 F1.C 和 F2.C 两个文件中都要使用 a，b，c 三个变量。在 F1.C 文件中把 a，b，c 都定义为外部变量。在 F2.C 文件中用 extern 把三个变量说明为外部变量，表示这些变量已在其他文件中定义，编译系统不再为它们分配内存空间。

对构造类型的外部变量（如数组等），可以在说明时作初始化赋值，若不赋初值，则系统自动定义它们的初值为0。

三、内部函数和外部函数

函数一旦定义后就可被其他函数调用。但当一个源程序由多个源文件组成时，在一个源文件中定义的函数能否被其他源文件中的函数调用呢？为此，C 语言又把函数分为两类。

(一)内部函数

在一个源文件中定义的函数只能被本文件中的函数调用，不能被同一源程序其他文件中的函数调用，这种函数称为内部函数。定义内部函数的一般形式如下。

```
static 类型说明  符函数名(形参表)
```

例如：

```
static int f(int a,int b)
```

内部函数也称为静态函数。但此处静态 static 的含义已不是指存储方式，而是指对函数的调用范围只局限于本文件。因此在不同的源文件中，定义同名的静态函数不会引起混淆。

(二)外部函数

外部函数在整个源程序中都有效，在函数定义中没有说明 extern 或 static，则隐含为 extern。定义的一般形式如下。

```
extern 类型说明符  函数名(形参表)
```

例如：

```
extern int f(int a,int b)
```

在一个源文件的函数中调用其他源文件中定义的外部函数时，应用 extern 说明被调函数为外部函数，例如。

```
F1.C(源文件一)
main()
{ extern int f1(int i);      /* 外部函数说明，表示f1函数在其他源文件中 */
  …
}

F2.C(源文件二)
extern int f1(int i);         /* 外部函数定义 */
{  …  }
```

> 任务实施

四、程序编写步骤

借助一个函数得到三个值：体积 v 以及三个面的面积 s1、s2、s3。C 语言中的函数只能有一个返回值，只能将其中的一份数据，也就是体积 v 放到返回值中，而将面积 s1、s2、s3 设置为全局变量。全局变量的作用域是整个程序，在函数 vs( ) 中修改 s1、s2、s3 的值，能够影响到包括主函数 main( ) 在内的其他函数。

（一）创建或打开工程文件

新建工程文件，在工程名称文本框中，输入新工程的名称"c_paint 5-2"，单击"确定"按钮，完成工程的创建。也可打开已有的工程文件。

（二）创建源程序文件

新建源程序文件，在文件名文本框中，输入源程序名称"计算体积和面积"，单击"确定"按钮，完成文件的创建。

（三）编写程序

在代码编辑区输入如下代码。

```c
#include<stdio.h>
int s1,s2,s3;    //面积
int vs(int a,int b,int c){
    int v;       //体积
    v=a*b*c;
    s1=a*b;
    s2=b*c;
    s3=a*c;
    return v;
}
int main(){
    int v,length,width,height;
    printf("分别输入长宽高：");
    scanf("%d %d %d",&length,&width,&height);
    v=vs(length,width,height);
    printf("长方体体积为:%d,第一面面积为:%d,第二面面积为:%d,第三面面积为:%d\n",v,s1,s2,s3);
    return 0;
}
```

(四) 编译运行结果

编译运行程序，输入长宽高，结果如图 5-7 所示。

```
分别输入长宽高：20 30 40
长方体体积为：24000，第一面面积为：600，第二面面积为：1200，第三面面积为：800
```

图 5-7　长方体体积和面积

实训与练习

1. 将任务一的时间间隔设置为递增模式，每次增加 1 秒显示出来，修改程序并运行。

2. 输出两个整数，求输出二个数中大的数值，要求在主函数中输入两个整数，用一个函数 max 求出其中大的数值，并在主函数中输出此值。

项目六　求一个字符数组的长度

学习目标

1. 掌握 C 语言的数据类型，理解地址和指针的概念。
2. 掌握变量的直接引用方式和间接引用方式。
3. 熟练应用指针变量的定义和引用。
4. 熟练应用指针变量作函数参数时的传递方式。
5. 掌握指向数组元素的指针变量的定义和引用。
6. 掌握指向字符串的指针变量的定义和引用。

课程思政

全球首条量子芯片生产线亮相！

在西方实施了一系列制裁和出口管制措施后，又对我国的芯片产业进行了全方位的技术封锁。尽管这些打压手段日益强硬，但中国芯片前进的脚步并未因此而停止。美国的步步紧逼，反而激发了中国自力更生、自主研发的斗志。2023 年 1 月 31 日，全球首条量子芯片生产线在安徽合肥首次向公众亮相。

全球首条量子芯片生产线亮相！

项目描述

只要没有系统地学过计算机语言，对指针可能是一个陌生的概念。不仅如此，指针还是 C 语言中的难点，但从实际应用看，指针是 C 语言的灵魂。运用指针编程是 C 语言主要的风格之一。本项目主要学习指针，C 语言指针的作用很多，可以直接操作内存，优点是效率更高、能编写复杂度高的数据结构、能方便地使用数组和字符串、并能像汇编语言一样处理内存地址。

任务一　输入三个整数，依次排序

任务说明

用指针的方法编写一个程序，输入三个整数，按从小到大的顺序输出这三个数。前面学习了用 if 语句来对三个数进行排序，但常用方法是对存放在变量里的数通过比较进行互换，这样原始的数据就要被替换。如果有些数据，例如一个数据库中的数据可以进行统计，但不能改变其位置，那该用什么办法呢？C 语言中最常用的解决办法是使用指针。

必备知识

一、指针的概念

C 语言程序中的数据在内存中所占用内存单元的个数是由其类型决定的。例如：int 型数据占用 4 个内存单元，char 型数据占用 1 个内存单元。由于每个内存单元都有一个地址，那么应该用哪个地址作为变量的地址呢？C 语言规定将一个变量所占用内存单元区的首地址，称为该变量的地址。一个变量的指针就是这个变量的地址。只不过指针这个名称，在某些场合显得更加形象一些；可以理解为，指针就是地址，地址就是指针。

二、指针变量的定义

在 C 语言中，一般变量中存储的是普通的数据。还有一种变量专门用来存储变量的地址（即指针），这种变量就称为指针变量。如果在一个指针变量中存储了另一个变量的地址，即该指针变量指向了这个变量，因而指针变量又叫指针类型变量。

指针变量必须先定义后使用，定义指针变量的一般形式如下。

```
类型说明符 * 变量名；
```

其中"*"表明这是一个指针变量；类型说明符是这个指针变量所指向的变量的数据类型，例如。

```
int*p;
float*q;
```

这里定义了一个指向 int 型变量的指针变量 p，它只能存储一个 int 型变量的地址;还定义了一个指向 float 型变量的指针变量 q,它只能存储一个 float 型变量的地址。

三、指针的运算和使用

在 C 语言中,如何将一个变量的地址存入到一个指针变量中,又如何通过一个指针变量来访问它所指向的变量呢?可以使用与指针操作相关的运算符:"&"和"*"。

例:使用指针对两个整数进行运算

```c
#include<stdio.h>
int main(void)
{
   int a,b,s,t,*pa,*pb;
   printf("输入两个整数:");
   scanf("%d %d",&a,&b);
   pa=&a;
   pb=&b;
   s=*pa+*pb;
   t=*pa**pb;
   printf("a=%d、b=%d、a+b=%d、a*b=%d\n",a,b,a+b,a*b);
   printf("s=%d、t=%d\n",s,t);
return 0;
}
```

编译运行,依次输入 2 个整数,回车。运行结果如图 6-1 所示。

```
输入两个整数: 11 22
a=11、b=22、a+b=33、a*b=242
s=33、t=242
```

图 6-1 指针的运算结果

任务实施

四、程序编写步骤

随意输入三个整数"123 124 125",从大到小依次排序,并输出。

(一)创建或打开工程文件

新建工程文件,在工程名称文本框中,输入新工程的名称"c_paint 6-1",单击"确定"按钮,完成工程的创建。也可打开原有的工程文件。

(二)创建源程序文件

新建源程序文件,在文件名文本框中,输入源程序名称"输入三个整数依次排序",单击"确定"按钮,完成文件的创建。"

(三)编写程序

在代码编辑区输入如下代码。

```c
#include<stdio.h>
int main(void){
    int a,b,c;
    int *p1,*p2,*p3,x;
    printf("请输入三个整数:\n");
    scanf("%d%d%d",&a,&b,&c);
    p1=&a,p2=&b,p3=&c;
    if(*p1<*p2){
        x=*p1;
      *p1=*p2;
      *p2=x;
    }
    if(*p2<*p3){
        x=*p2;
      *p2=*p3;
      *p3=x;
    }
    if(*p1<*p2){
        x=*p1;
      *p1=*p2;
      *p2=x;
    }
    printf("排序后的数据是:%d\t%d\t%d\n",a,b,c);
    return 0;
}
```

(四)编译运行结果

编译运行程序,依次输入 3 个整数,回车。结果如图 6-2 所示。

图 6-2　输入三个整数，从大到小依次排序运行结果

任务二　求一个字符数组的长度

任务说明

输入一段字符，输出并求出字符长度。一个字符数组的长度与它的下标关系是对应的，要想求一个字符数组的长度，就是要寻找下标的位置。下标和指针（内存地址）有着类似的作用，都是寻找某个位置的数据，适用范围不同。

必备知识

一、指针与数组

（一）一维数组与指针

当定义一个一维数组时，系统会在内存中为该数组分配一个存储空间，其数组的名称就是数组在内存中的首地址，若再定义一个指针变量，并将数组的首地址传递给指针变量，则该指针就指向这个一维数组，例如。

```
int*p,a[10];
p=a;
```

a 是数组名，也是数组的首地址，将它赋给指针变量 p，也是将数组 a 的首地址赋给 p，可以写成如下形式。

```
int*p,a[10];
p=&a[0];
```

上面的语句是将数组 a 中的首个元素的地址赋给指针变量 p，由于 a[0] 的地址就是数组的首地址，因此两条赋值操作效果完全相同。

例：用冒泡法对数组进行排序。

```c
#include<stdio.h>
#define max 100
void order(int*p,int n){
    int i,j,temp;
    for(i=0;i<n-1;i++)
    {
        for(j=0;j<n-1-i;j++)
        {
         if(*(p+j)>*(p+j+1))

            {
               temp=*(p+j);
              *(p+j)=*(p+j+1);
              *(p+j+1)=temp;
            }
        }
    }
printf("冒泡排序结果为:");
for(i=0;i<n;i++)
{
   printf("%3d",*(p++));
}
}
int main(){
    int a[max],i,n;
    printf("请输入数组元素的个数:");
    scanf("%d",&n);
    printf("请输入各个元素:\n");
    for(i=0;i<n;i++)
    {
        scanf("%d",&a[i]);
    }
    order(a,n);
    return 0;
}
```

编译运行根据提示输入元素个数，回车，输入各个元素，回车。运行结果为图 6-3 所示。

图 6-3　冒泡法对数组排序

（二）多维数组与指针

二维数组地址表示方法，如图 6-4 所示。

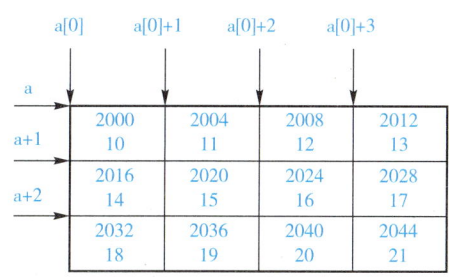

图 6-4　二维数组地址

用指针变量可以指向一维数组，也可指向多维数组。多维数组的指针比一维数组的指针复杂。下面的讨论都是以二维数组为例进行介绍的。

1．多维数组地址的表示方法

设有 3 行 4 列整型二维数组 a（如图 6-4 所示），定义如下。

```
int a[3][4]={{10,11,12,13},{14,15,16,17},{18,19,20,21}};
```

设数组 a 的首地址为 2000，如图 6-4 所示。可以把 1 个二维数组看成是多个一维数组组成的。因此数组 a 从行的方向上来看，可理解成 3 个一维数组，即 a[0]，a[1]，a[2]。每个一维数组又含有 4 个元素。数组从列的方向上看也可以理解成是由 4 个一维数组构成的，每个一维数组由 3 个元素构成。数组及数组元素的地址，见表 6-1。

表 6-1　二维数组地址对应表

表示形式	含义	地址
a	二维数组名，数组首地址，第 1 行首地址	2000
a[0]，*（a+0），*a	第 1 行第 1 列元素地址	2000
a+1，&a[1]	第 2 行首地址	2016
a[1]，*（a+1）	第 2 行第 1 列元素地址	2016
a[1]+2，*（a+1）+2，&a[1][2]	第 2 行第 3 列元素地址	2024
（a[1]+2），（*（a+1）+2），a[1][2]	第 2 行第 3 列元素的值	元素值为 16

通过上表6-1，可以看出。

（1）a 和 a[0] 的数值都是 2000，但是其含义是不相同的，a 代表二维数组的首地址，a[0] 则表示构成二维数组的一维数组的首地址，不能等同对待。

（2）*(a+0)，*a，a[0] 的作用是等效的，它们都表示了一维数组 a[0] 中下标为 0 的元素地址。

（3）&a[0][0] 是二维数组 a 的 1 行 1 列元素地址，同样是 2000。

由此可得出，通过指针对二维数组进行引用时，可以出现多种表示方式，但是要注意它们之间的区别和联系。

例：用指针对二维数组进行赋值和输出操作。

```
#include<stdio.h>
int main()
{int i,x[3][3]={1,2,3,4,5,6,7,8,9};
 int*p=&x[0][0];
 printf("%d",*p);
 printf("%d",*(p+1));
 printf("%d",*(*(x+1)+2));
return 0;
}
结果为:126
```

注意：在上例中 x 是数组名，代表数组的首地址，可以通过赋值来得到其他元素的值。

2. 多维数组的指针变量

（1）用指向数组元素的指针变量进行输出操作，代码如下。

```
#include<stdio.h>
int main()
{int i,x[3][3]={9,8,7,6,5,4,3,2,1};
 int*p=&x[1][1];
 for(i=0;i<4;i+=2)
 printf("%d ",p[i]);
return 0;
}
输出结果：
5 3
```

p 是指向整型变量的指针变量，可以指向一般的整型变量，也可以指向整型的数组元素。每次使 p 加 1，以移向下一元素，达到顺序输出数组元素的作用。对于

m 行 n 列整型数组 a，其数组元素 a[i][j] 的值可以用 *（p+i*n+j）来表示。

（2）指向由 n 个元素组成的一维数组的指针变量。

二维数组可以理解为由一维数组构成，设 p 为指向二维数组的指针变量。

可定义为：int（*p）[4] 它表示 p 是一个指针变量，如图 6-5 所示，它指向二维数组或指向第一个一维数组，其值等于 a、&a[0] 等。而 p+1 则指向一维数组 a[1]。从前面的分析可得出 *（p+i）+j 是二维数组 i 行 j 列的元素地址，而 *（*（p+i）+j）是 i 行 j 列元素的值。

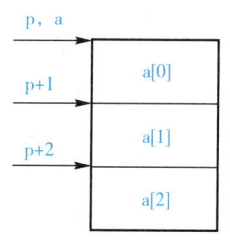

图 6-5　指针示意图

二维数组指针变量说明的一般形式如下。

类型说明符　　（* 指针变量名）[长度]

① "类型说明符"为：所指数组元素的数据类型。
② "*"表示其后的变量是指针类型。
③ "长度"表示二维数组分解为多个一维数组时的长度，即二维数组的列数。
④ "（* 指针变量名）"两边的括号不可少，如缺少括号则表示是指针数组，意义不同。

二、指针与字符串

（一）字符串与字符指针

字符串操作是数据处理中常见的操作。在 C 语言中，可以使用字符指针来操作字符串，相比使用字符数组操作字符串，前者更方便。字符串有两种表示方式，字符数组或字符指针。

（1）字符数组的表示方式如下。

```
char str[ ]="VC++6.0";
puts(str);
```

在这种表示方式中，str 是数组名，也是指向字符串的指针。在定义字符数组时可以将字符串整体以赋值的形式存储到数组中，在其他位置的代码中使用"str="VC++6.0";"语句都是错误的。

101

(2)字符指针的表示方式如下。

```
char*str="hello";
puts(str);
```

在这种表达方式中,字符串"hello"在内存中以字符串常量形式存储,语句"char * str="hello";"的含义是指针str指向字符串"hello"的首字符,这里的"="号表示将字符串"hello"的第一个字符的地址赋给str。

(二)字符数组与字符指针处理字符串的区别

1. 赋值方法不同

如下给字符指针赋值的方法是正确的,其含义是字符指针指向字符串"hello"的首地址。

```
char*str;
str="hello";
```

如下给字符数组的赋值方法是错误的,其含义是字符数组名str为一常量地址,不能被赋值。

```
char str [10];
str="hello";
```

2. 系统为其分配内存单元的方法不同

字符数组被定义以后,系统为其分配一段连续的内存单元,字符数组名为连续的内存单元的首地址;而字符指针变量被定义以后,系统为其分配一个存放指针值(地址)的内存单元,其指向的对象并不明确,如下字符数组的用法是错误的。

```
char*str;
scanf("%s",str);
```

如下字符数组的用法是正确的。

```
char str[10];
scanf("%s",str);
```

字符指针一旦指向某个具体对象,就可以用于输入,如下用法是正确的。

```
char a[10],*str=a;
scanf("%s",str);
```

3. 修改（地址）的方法不同

字符指针的值（地址）可以被反复修改，可以通过修改其值使其可以指向字符串中的任意位置，但字符数组名只能被引用，而不能被修改，例如。

```
char a[25]="c language programming!",*str=a;
str=a+2;
puts(str);
str=str+9;
puts(str);
printf("%c",*str);
```

例：输出 12 个月的月份。

本实例定义了一个指针数组，并且为这个指针数组赋初值，将 12 个月份输出，具体代码如下。

```
#include<stdio.h>
int main(){
    int i;
char*month[]={"January","February","March","April","May","June","July","August","September","October","November","December"};
        for(i=0;i<12;i++)
        {
            printf("%s\n",moth[i]);
        }
return 0;
}
```

程序运行结果如图 6-6 所示。

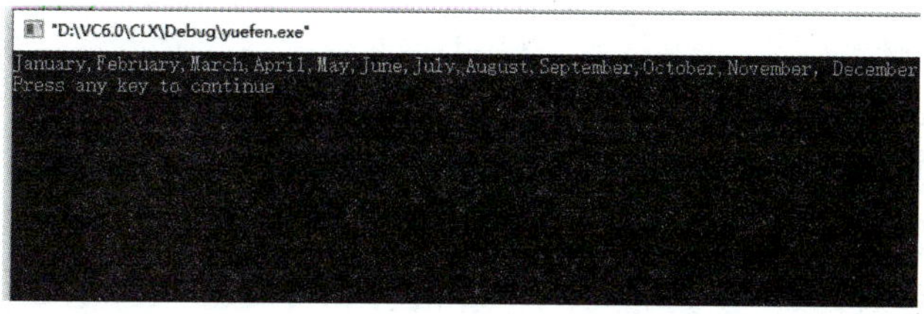

图 6-6　输出 12 个月的月份程序运行结果

三、指针与函数

（一）指针作函数的参数

指针作为函数的形参时，在形参说明时需要使用格式"类型名 * 指针名"。* 号不能省略，而在函数定义的说明部分，* 号的作用是类型说明符。

例：指针作为形参的函数调用。

```c
#include<stdio.h>
void changeA(int*);        /* 函数声明 */
int main(){
    int a=10,*pa=&a;
    printf("调用前 :pa=%p,a=%d\n",pa,a);
    changeA(pa);            /* 函数调用 */
    printf("调用后 :pa=%x,a=%d\n",pa,a);
    return 0;
}
void changeA(int*p){/* 函数定义 */
    int b;
    *p=*p+*p;         /* 操作 P 所指向的变量 */
    p=&b;
    printf("在函数中 :p=%x\n",p);
}
```

程序运行结果如下。

```
调用前 :pa=12ff880,a=10
在函数中 :p=12ff790
调用后 :pa=12ff880,a=20
```

说明：在 main 函数中调用函数 change A( ) 时，将实参 pa 的值传递给形参 p，p 和 pa 都指向变量 a，*p=*p+*p 等价于 a=a+a，结果是将 a 的值修改为 20，然后 p 指向 b。分析程序运行结果的第 1 行和第 3 行可知，在函数内通过 p 访问 a 的操作改变了函数外变量 a 的值。分析程序运行结果的第 2 行和第 3 行可知，函数内对 p 的操作，与函数外的变量 pa 无关。运行结果中的 pa 和 p 的值在不同的 C 语言编译器中可能会有所不同。

第 2 行代码"void changeA（int *）"的作用是函数声明，其中 * 号不能省略，它的作用是说明 changeA 函数的形参为 int 类型的指针变量。

指针作为函数参数，在被定义、声明和调用时，数据类型必须一致，如果不一致，编译就会报错。

指针作为函数的形参时，函数中可以修改指针所指向的对象，利用这个特性，一个函数可以获得多个返回值，只要在定义这个函数时使用多个指针变量作为形参即可。

（二）返回指针值的函数

一个函数可以返回一个整型值、字符值、实型值等，也可以返回指针型的数据（指针值），即地址，返回指针值的函数简称为指针函数。定义指针函数的一般形式如下。

```
类型名 * 函数名（参数列表）
int  *max(int n)
```

其中 max 是函数名，n 是函数 max 的形参，函数名前的"*"表示调用该函数后返回一个指向整型数据的指针（地址）。

任务实施

四、程序编写步骤

任意输入一段字符，输出并求出字符长度。

（一）创建或打开工程文件

新建工程文件，在工程名称文本框中，输入新工程的名称"c_paint 6-2"，单击"确定"按钮，完成工程的创建。也可打开原有的工程文件。

（二）创建源程序文件

新建源程序文件，在文件名文本框中，输入源程序名称"求字符长度"，单击"确定"按钮，完成文件的创建。

（三）编写程序

在代码编辑区输入如下程序代码。

```c
#include<stdio.h>
int main(){
    char s[80];
    char *ps;
    gets(s);
    ps=s;
```

```
        while(*ps!=' \0 ')
            ps++;
        printf("字符长度为:%d\n",ps-s);
    printf("输入字符串为:%s\n",s);
    return 0;
}
```

（四）编译运行结果

输入"我爱你中国！I love China!"回车，运行的结果如图 6-7 所示。

图 6-7 输出字符串和字符串长度

实训与练习

1. 输入 3 个字符串，然后按由小到大的顺序输出至屏幕。
2. 输入 2 个字符串，要求将其中最长的公共字串输出至屏幕。
3. 输入 1 个字符串，统计字符串中每个字符出现的次数并输出至屏幕。

项目七 多样的信息管理系统

学习目标

1. 掌握结构体的定义和使用方法。
2. 掌握结构体变量、数组和指针的使用。
3. 掌握链表的概念和操作。
4. 了解共用体类型和变量的使用。
5. 了解枚举类型和变量的使用。

课程思政

华为正式发布鸿蒙手机操作系统
——9 年前的"备胎"转正

21 世纪 10 年代后期开始,华为受到美国等西方国家极不公平地对待,美国不仅下达"芯片禁令",致使畅销全球的华为手机市场份额从全球第一跌落,还让华为手机上一直采用谷歌的 GMS 也被掐断。如今华为重磅推出 HMS 和鸿蒙操作系统,让全球科技圈都为之"虎躯一震",让国外的敌对势力赞叹华为的真正实力。

华为正式发布鸿蒙手机操作系——9 年前的"备胎"转正

项目描述

本项目以图书信息管理系统为背景,引导读者学习结构体、共用体、链表和枚举类型的相关内容。通过对本项目的学习,掌握小型系统程序设计的基本方法、基本框架的搭建和模块化程序设计的思想,能够使用结构体变量、结构体数组和函数编写各种样式的小型应用管理系统程序。

任务一　建立一个图书信息表

任务说明

建立一个图书信息表，包括编号、书名、作者、价格数据等信息，如编号为1 001，书名：水浒传，作者：罗贯中，价格：25.00；如编号为1 002，书名：红楼梦，作者：曹雪芹，价格：26.00；如编号为1 003，书名：西游记，作者：吴承恩，价格：39.00；等等。实现对批量编写图书信息程序信息的管理，可使用结构体自定义复合数据类型，使用结构体数组解决数据记录问题。本任务涉及的知识点主要包括函数、数组和结构体类型操作等内容。编写图书信息管理程序的基本任务就是定义一个有图书信息的结构体类型book，它含有4个成员变量，分别是图书编号、名称、作者、价格。

必备知识

一、结构体

工作中，经常有一些类型不同但又相互关联在一起的数据。例如，要处理一个员工的信息，需要他的工号、姓名、性别、年龄、基本工资、奖金等数据。这些数据中有整数、实数、字符串，不能用一个数组来存放这一组数据，因为数组中各元素的类型和长度都必须一致，以便于编译系统处理。为了解决这个问题，C语言给出了另一种构造数据类型——结构（structure），也称为结构体。它相当于其他高级语言中的记录。

（一）结构体的概念

结构体是类似于名片形式的数据集合体。例如，某超市会做好一个名片模板为商品制作统一样式的名片，上面可以印上商品名称、价格、数量、生产日期、保质期、生产地等信息。结构体就是类似于这个制作名片的空白模板。

结构体属于构造数据类型，它由若干成员组成，成员的类型可以是基本数据类型、构造数据类型，可以互不相同。由于不同问题需要定义的结构体中包含的成员可能互不相同，所以，C语言只提供定义结构体的一般方法，结构体中的具体成员由用户自己定义。编程人员可以根据实际需要定义各种不同的结构体类型。

结构体分为结构体类型和结构体变量两部分，如平常所说的学生，它是一个群体的类型，而具体的学生张三李四等对应学生类的某个对象，可将它的数据赋值给学生类的相关变量。

结构体遵循"先定义后使用"的原则，定义包含两方面，一是定义结构体类型；二是定义该结构体类型的变量。

（二）结构体类型声明

声明结构体类型的一般形式如下。

```
struct 结构体名
{
        数据类型  成员名1；
        数据类型  成员名2；
           ⋮
        数据类型  成员名n；
};
```

声明一个名为 books 的结构体类型，例如。

```
struct books
{
    int num;
    char book_name[20];
    char author[10];
    double price;
};
```

（1）结构体类型必须先声明后使用。声明使用的关键字为 struct，结构体名需要自行命名，但必须符合标识符的命名规则。

（2）大括号中的内容是结构体所包括的成员，成员可以有多个，每一个成员的数据类型可以是基本数据类型、数组、结构体等，成员名的命名应符合标识符的命名规则，例如。

```
struct library
{
        char lib_name[20];
        struct books book;
};
```

上述语句声明了一个名为 library 的结构体类型，该结构体内又定义了一个 struct books 结构体类型的成员 book。

（3）结构体类型的声明只是说明了结构体类型的构成情况，系统并不为其分配内存空间，只有通过结构体类型定义了结构体变量后，系统才会为结构体变量分配内存空间。

（4）声明结构体类型时，不允许将成员的数据类型定义成自身的结构体类型，这是因为结构体类型的声明还停留在构造阶段，系统还不知道该为其分配多少内存空间。但是结构体类型中可以含有指向自身类型的指针变量。

（5）C语言把结构体声明看作是一条语句，括号后面的分号不可少。

二、结构体变量

（一）结构体变量的定义

结构体是一种数据类型，在声明之后，就可以用它来定义变量。结构体变量和其他变量一样，必须先定义后使用，其定义方式有以下3种。

（1）先声明结构体类型，后定义结构体变量，其格式如下。

```
struct  结构体名
{
        数据类型  成员名1;
        数据类型  成员名2;
        …;
};
struct  结构体名   变量名表;
```

例如：

```
struct books
{
        int num;
        char book_name[20];
        char author[10];
        double price;
};
struct books book1,book2;
```

先声明了结构体books，再定义结构体变量book1和book2。

（2）声明结构体类型的同时定义结构体变量，其格式如下。

```
struct  结构体名
{
        数据类型  成员名1;
        数据类型  成员名2;
        …;
} 变量名表;
```

例如：

```
struct books
{
        int num;
        char book_name[20];
        char author[10];
        double price;
}book1,book2;
```

声明结构体 books 的同时定义结构体变量 book1 和 book2。
（3）省略结构体名直接定义结构体变量其格式如下。

```
struct
{
成员列表；
} 变量名表；
```

例如：

```
struct
{
    int num;
    char book_name[20];
    char author[10];
    double price;
}book1,book2;
```

声明结构体时没有指定结构体名，但通过该结构体直接定义结构体变量 book1 和 book2。

上述第（3）种定义方式书写简单，但是因为没有结构体名，所以后面就无法再用该结构体定义新的结构体变量。

定义结构体变量后，系统会为其分配连续的一块内存区域。在不同的编译器下，结构体变量占用的内存大小不同，但各编译器都会按照内存对齐原则进行内存分配，所分配内存的大小不少于全部成员之和。

（二）结构体变量的初始化

同其他数据类型的变量一样，结构体变量在定义的同时也可以进行初始化。结构体变量初始化的一般形式如下。

```
struct 结构体名  变量名 ={初值列表};
struct books book={000201,"史记","司马迁",45.00};
```

（1）结构体变量在被初始化时，"{}"内要按结构体类型声明时各成员的顺序依次赋初始值，并且各初始值之间用逗号分隔。

（2）如果结构体类型中的成员也是一个结构体类型，则要使用若干个"{}"一级一级地找到成员，然后对其进行初始化。

（三）结构体变量的使用

定义结构体变量之后，可以在程序中对其进行引用，但是结构体变量的引用同一般变量的引用有所不同。因为结构体变量中有多个不同类型的成员，所以结构体变量不能被整体引用，只能一个成员一个成员地进行引用，引用方式如下。

```
结构体变量名.成员名;
book.book_name;
```

（1）"."是成员运算符，它在所有运算符中优先级最高，方向是自左至右。

（2）如果成员是一个变量，那么引用的就是这个变量的内容；如果成员是一个数组，那么引用的就是这个数组的首地址。

（3）如果结构体类型中的成员也是个结构体类型，则要用若干"."，一级一级地找到最低一级的成员。

例：定义一本书的结构体变量，要求：书的编号是 1001，书名：史记，作者：司马迁，价格：25.00 元。

```
#include<stdio.h>
int main()
{
    struct  books
    {
        int num;
        char book_name[20];
        char author[10];
        double price;
    };
    struct books book={1001,"史记","司马迁",25.00};
    printf("%d\n",book.num);
    printf("%s\n",book.book_name);
    printf("%s\n",book.author);
    printf("%f\n",book.price);
```

```
        return 0;
}
```

程序运行结果如图 7-1 所示。

三、结构体数组

图 7-1 定义一本书的结构体变量

（一）结构体数组的定义及初始化

声明 struct books 结构体类型后，定义一个结构体变量可用于存放一本书的一组信息，可是如果有 5 本书呢？难道要定义 5 个结构体变量吗？

答案是否定的，针对这种情况就要使用到数组。在 C 语言中，结构体中也有数组，称为结构体数组。它与前面讲的数值型数组相似，但需要注意的是，结构体数组的每一个元素都是一个结构体类型的变量，都包含该结构体中所有的成员。结构体数组的定义及初始化有以下 3 种形式。

（1）先声明结构体类型，再定义结构体数组，其格式如下。

```
struct 结构体名
{
成员列表;
};
struct 构体名 数组名[元素个数];
```

例如：

```
struct books
{
    int num;
    char book_name[20];
    char author[10];
    double price;
};
struct books book[3]={
        {1001,"三国演义","罗贯中",30.00},
        {1002,"史记","司马迁",38.00},
        {1003,"水浒传","施耐庵",29.00},
};
```

先声明结构体 books，再通过其定义一个长度为 3 的结构体数组并初始化。
（2）直接定义结构体数组，其格式如下。

113

```
struct
{
成员列表；
} 数组名 [ 元素个数 ]；
```

例如：

```
struct
{
    int num;
    char book_name[20];
    char author[10];
    double price;
    }book[3]={
        {1001,"三国演义","罗贯中",30.00};
        {1002,"史记","司马迁",38.00};
        {1003,"水浒传","施耐庵",29.00};
};
```

声明结构体的同时定义一个长度为 3 的结构体数组并对其进行初始化。

（3）声明结构体类型的同时定义结构体数组，其格式如下。

```
struct 结构体名
{
成员列表；
} 数组名 [ 元素个数 ]；
```

例如：

```
struct books
{
int num;
char book_name[20] ;
char author[10];
double price;
}book[3]={
    {1001,"三国演义","罗贯中",30.00},
    {1002,"史记","司马迁",38.00},
    {1003,"水浒传","施耐庵",29.00},
};
```

声明结构体 books 的同时定义一个长度为 3 的结构体数组并初始化。

结构体数组进行全部初始化时，初值个数与结构体数组的元素个数以及每个数组元素的成员个数一定要相匹配。

（二）结构体数组的使用

结构体数组元素中成员的访问方式与结构体变量成员的访问方式相同，都是通过成员运算符"."进行引用，其引用方式如下。

```
结构体数组名[下标].成员名
```

例：结构体数组，代码如下。

```c
#include<stdio.h>
int main()
{
    struct  books
    {
        int num;
        char book_name[20];
        char author[10];
        double price;
    };
    struct books book[3]={
        {1001,"三国演义","罗贯中",30.00},
        {1002,"史记","司马迁",38.00},
        {1003,"水浒传","施耐庵",29.00}
    };
    printf("%d\n",book[0].num);
    printf("%d\n",book[1].num);
    printf("%d\n",book[2].num);
    return 0;
}
```

程序运行结果如图 7-2 所示。

图 7-2 结构体数组运行结果

四、结构体指针

（一）结构体指针变量的定义及初始化

当一个指针指向结构体变量时，称它为结构体指针，用于存储结构体指针的变量即为结构体指针变量。C 语言中定义结构体指针变量的一般形式如下。

```
struct 结构体名 * 指针变量名;
```

结构体指针变量的初始化格式如下。

```
指针变量名=&结构体变量名;
```

例如：

```
struct books book;
struct books*p;
p=&book;
```

结构体指针变量的初始化是将该指针指向的结构体变量的首地址赋值给该结构体指针变量。

（二）结构体指针的使用

通过结构体指针可以访问结构体变量的成员，因此，结构体变量成员的访问方式有 3 种。
（1）结构体变量名.成员名。
（2）(*结构体指针变量名).成员名。
（3）结构体指针变量名 -> 成员名。
例如：

```
book.num;
(*p).num;
p->num;
```

（三）指向结构体数组的指针

结构体指针可以指向一个结构体数组，当发生指向关系后，结构体指针变量的值就是该结构体数组的首地址，例如。

```
struct books book[3],*p;
p=book;
```

当 p 指向结构体数组 book 时，"p=book,"等价于"p=&book[0];"此时，如果执行"p++"，则指针变量 p 就指向了 book[1]，如图 7-3 所示。
指向结构体数组的指针，代码如下。

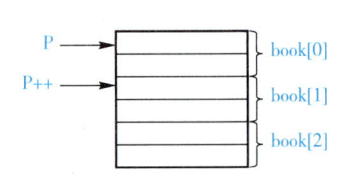

图 7-3　指针结构体数组的指针

```c
#include<stdio.h>
int main()
{
    struct  books
    {
        int num;
        char book_name[20];
        char author[10];
        double price;
    };
    struct books book[3]={
        {1001,"三国演义","罗贯中",30.00},
        {1002,"史记","司马迁",38.00},
        {1003,"水浒传","施耐庵",29.00}
    };
    struct books*p=book;
    printf("%d\n",(*p).num);
    p++;
    printf("%d\n",(*p).num);
    return 0;
}
```

程序运行结果如图 7-4 所示。

```
1001
1002
Press any key to continue
```

图 7-4 指向结构体数组的指针

任务实施

五、程序编写步骤

（一）创建或打开工程文件

新建工程文件，在工程名称文本框中，输入新工程的名称"c_paint 7-1"，单击"确定"按钮，完成工程的创建。也可打开原有的工程文件

（二）创建源程序文件

新建源程序文件在文件名文本框中，输入源程序名称，"建立图书信息表"，单击"确定"按钮，完成文件的创建。

(三)编写程序

在代码编辑区输入如下程序代码。

```c
#include<stdio.h>
#include<string.h>
struct Book
{
    int id;
    char title[50];
    char author[50];
    float price;
};
int main(){
    int i;
    struct Book books[3];
    FILE*file=fopen("d:\\books.txt","w");
    if(file==NULL)
    {
        printf("无法打开文件!");
    }
    for(i=0;i<3;i++)
    {
        printf("请输入第%d本书的编号:",i+1);
        scanf("%d",&books[i].id);
        printf("请输入第%d本书的书名:",i+1);
        scanf("%s",&books[i].title);
        printf("请输入第%d本书的作者:",i+1);
        scanf("%s",&books[i].author);
        printf("请输入第%d本书的价格:",i+1);
        scanf("%f",&books[i].price);
        fprintf(file,"%d %s %s %.2f\n",books[i].id,books[i].title,books[i].author,books[i].price);
    }
    fclose(file);
    printf("书籍信息已保存到文件中!\n");
    file=fopen("d:\\books.txt","r");
    if(file==NULL)
    {
        printf("无法打开文件!");
```

```c
    }
    printf("\n从文件中读取书籍信息：\n");
    while(fscanf(file,"%d %s %s %f",&books[i].id,books[i].title,books[i].author,&books[i].price)!=EOF){
        printf(" 编号:%d \n",books[i].id);
        printf(" 书名:%s \n",books[i].title);
        printf(" 作者:%s \n",books[i].author);
        printf(" 价格:%.2f \n\n",books[i].price);
    }
    fclose(file);
return 0;
}
```

（四）编译运行结果

编译运行程序，按提示信息依次输入数据，回车，程序运行结果如图 7-5 所示。

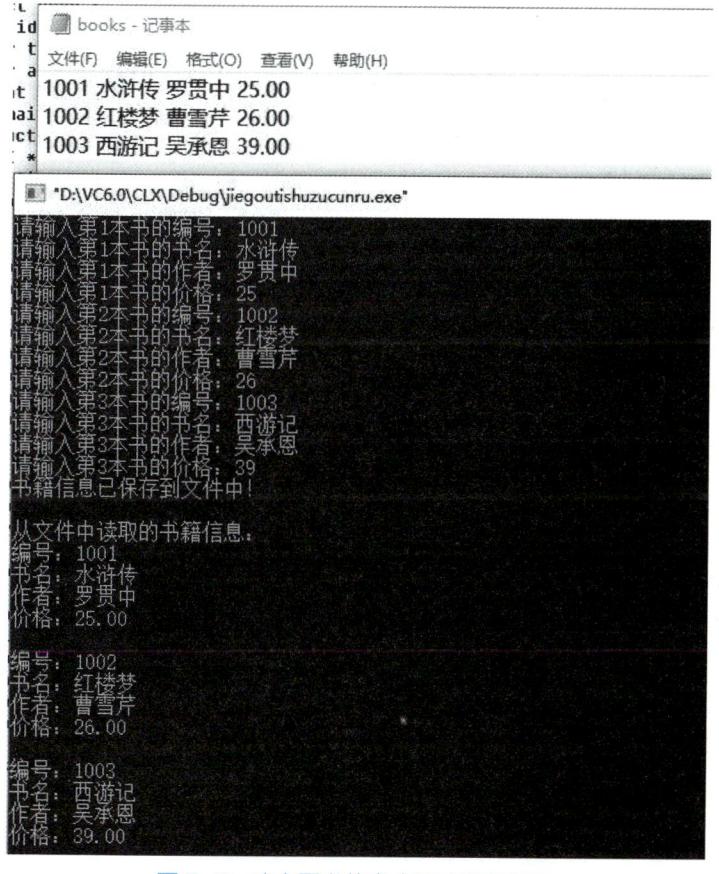

图 7-5 建立图书信息表程序运行结果

任务二 建立一个学生信息数据的链表

任务说明

用链表动态创建，插入、删除和输出操作几名学生姓名，学号等信息。

必备知识

一、链表

在进行程序设计时，使用数组可以给编程带来很多方便，增加程序的灵活性。但是数组在使用时也存在一些缺陷，需要事先确定数组的大小，一旦定义了数组之后，就不能在程序中随意调整数组的大小，C 语言中不允许定义动态数组类型。在实际编程时，只能根据可能的最大需求来定义数组，这样一来，常常会造成内存空间的浪费。

链表是动态进行内存分配的一种结构，它可以在程序的执行过程中随时为其结点分配需要的存储空间，可以方便地插入新结点，也可以把不使用的空间回收，能有效地节约内存资源。本节主要介绍单链表的概念及基本操作。

（一）链表的概念

链表是一种动态数据结构，它使用随机分配的内存单元来存放数据，这些内存单元可以是连续的，也可以是不连续的。链表是由若干个相同结构类型的元素依次串接而成，它使用指针来表示两个元素之间的前后关系。

将链表中的每个元素称为一个"结点"。结点是结构类型，其成员由以下 2 部分组成。

（1）用户需要使用的数据（称为数据成员或数据域）。

（2）下一个结点的地址（称为指针域，为指向自身结构类型的指针）。

链表对各结点的访问必须从第一个结点开始，根据第一个结点的指针域，找到第二个结点，再根据第二个结点的指针域找到第三个结点，以此可以访问到链表中的所有结点。链表的尾结点由于无后续结点，在其指针域存放一个 NULL（表示空地址）表明链表到此结束。

根据结点之间的相互关系，链表分为单链表、双链表和循环链表。本书介绍的链表均指单链表。链表的每个结点中只包含一个指针域，该指针域中存放的是其后继结点的地址，如图 7-6 所示。

h → | 1 | a | → | 2 | b | → | 3 | c | → | 4 | d | null |

图 7-6 单链表示意图

通常使用结构体的嵌套来定义链表结点的数据类型,定义形式如下。

```
struct 结构体名
{  数据类型   成员名 1;
   数据类型   成员名 2;
   ⋮
   数据类型   成员名 n;
struct 结构体名 * 指针名 1,* 指针名 2,…,* 指针名 n;
};
```

例如:

```
struct books
{   int bno;
    char bname[20];
    struct books* next;
};
```

在由 struct books 构成的链表中,每个结点由 3 个成员组成,前两个成员 bno、bname 组成了数据域,最后一个成员 next 是指针域,它指向链表中的下一个结点(即该指针域中存放了下一个结点的地址)。每一个结点的 next 指针域总是指向具有相同结构的结点,正是利用这种递归结构的定义方式构造出链表结构。

通常将链表的第一个结点称为头结点(链首),将链表的最后一个结点称为尾结点(链尾)。为了便于对链表中的每一个结点进行操作(插入或删除),定义一个结构指针指向头结点,称其为头指针。图 7-6 中的 h 即为该链表的头指针。

(二)链表的基本操作

链表的基本操作主要有创建链表、输出链表(链表的遍历)、查找结点、插入结点和删除结点共 5 种。

1.创建链表

创建链表是指在程序运行时,对内存进行动态分配,创建若干个结点,并把这些结点连接成串,形成一个链表。创建链表的步骤如下。

(1)定义链表的数据结构,创建一个空的头指针。
(2)使用 malloc 函数为新结点分配内存空间。
(3)将数据读入到新结点的数据域,并将该结点的指针域,置为空(NULL)。
(4)若头指针为空,则使头指针指向新结点;若头指针为非空,则将新结点连接到链表中,可以连接到链表首或连接到链表尾。
(5)判断是否有后续结点,若有,则转向(2),否则链表创建结束。

2. 输出链表

输出链表是指从头到尾输出链表中各个结点的数据信息，输出链表步骤如下。

（1）找到链表的头指针。

（2）设置一个临时结点 p，使其指向头指针所指向的结点。

（3）判断是否到链表尾，若是，则链表输出结束；否则，输出结点 p 的数据域信息。

（4）使结点 p 指向其下一个结点，转向（3）。

3. 查找结点

在链表中查找指定的结点时，需要从头指针开始，顺序向后查找，直至找到所需要的值或者到达链尾。查找结点步骤如下。

（1）找到链表的头指针 h，使 p 指向 h。

（2）判断结点 p 的数据域值是否等于要查找的内容，若是，则输出结点 p 在链表中的位置；若不是，则转向（3）。

（3）使结点 p 指向下一个结点，判断是否到达链尾，若是，则结束；若不是，则转向（2）。

4. 插入结点

对链表的插入是指将一个结点插入到一个已有的链表中。这个操作需要确定要插入的位置以及实现正确的插入，插入的原则是先连后断。

假设要将结点 p 插入到结点 q 和结点 r 之间，则需要先将结点 p 与结点 r 连接（即 p->next=r），然后将结点 q 与结点 r 断开，并使结点 q 与结点 p 相连（即 q->next=p;），步骤如下。

（1）找到要插入位置的前驱结点 q。

（2）将要插入的结点 p 的指针域指向结点 q 的后继结点 r。

（3）使结点 q 的指针域指向结点 p。

（4）判断是否还有要插入的结点，若有，转向（1）；否则，结束。

5. 删除结点

删除结点是指从链表中删除一个或多个指定的结点，并使其余的结点重新连接形成链表，删除的原则是先连后删。

假设 p 为要删除的结点，q 为 p 的前驱结点，则若要从链表中删除结点 p，需要先使结点 q 指向结点 p 的后继结点（即 q->next=p->next），然后释放结点 p 所占用的内存空间（即 free (p)）。步骤如下。

（1）找到要删除的结点 p。

（2）若 p 是链表中的第一个结点，则修改头指针 h，使 h 指向 p 的后继结点；否则找到要删除结点 p 的前趋结点 q，使 q 的指针域指向 p 的后继结点。

（3）释放结点 p 所占用的内存空间。

（4）判断是否还有要删除的结点，若有，转向（1）；否则，结束。

任务实施

二、程序编写步骤

用链表的动态创建，插入、删除和输出操作多名学生姓名，学号信息。在这个示例中，定义一个 Student 结构体来表示学生的信息，包括学号和姓名。使用 createStudent 函数来创建新的学生节点，并使用 insertStudent 函数在链表末尾插入学生节点。使用 deleteStudent 函数可以从链表中删除指定学生节点。printStudents 函数用于输出链表中的学生信息。最后，使用 freeStudents 函数释放链表的内存。

在 main 函数中，创建一个空链表 head，然后插入了三个学生节点。接着，输出学生信息，然后删除一个学生节点，并再次输出更新后的学生信息。最后，释放链表的内存。

（一）创建或打开工程文件

新建工程文件，在工程名称文本框中，输入新工程的名称 "c_paint 7-2"，单击"确定"按钮，完成工程的创建。也可打开原有的工程文件。

（二）创建源程序文件

新建源程序文件，在文件名文本框中，输入源程序名称"学生信息"，单击"确定"按钮，完成文件的创建。

（三）编写程序

在代码编辑区输入如下程序代码。

```c
#include<stdio.h>
#include<stdlib.h>
#include<string.h>
// 学生结构体
typedef struct Student
 {
    int id;
    char name[50];
    struct Student* next;
} Student;

// 创建新的学生节点
Student* createStudent(int id,const char* name){
    Student* newStudent=(Student*)malloc(sizeof(Student));
    newStudent->id=id;
```

```c
    strcpy(newStudent->name,name);
    newStudent->next=NULL;
    return newStudent;
}
// 在链表末尾插入学生节点
void insertStudent(Student** head,int id,const char* name){
    Student* newStudent=createStudent(id,name);
    if(*head==NULL){
      *head=newStudent;
    } else {
        Student* current=*head;
        while(current-> next !=NULL){
            current=current->next;
        }
        current->next=newStudent;
    }
}
// 从链表中删除指定学生节点
void deleteStudent(Student** head,int id){
    if(*head==NULL){
        return;
    }
    Student* current=*head;
    Student* previous=NULL;
    while(current !=NULL){
        if(current->id==id){
            if(previous==NULL){
                // 删除头节点
              *head=current->next;
            } else {
                previous->next=current->next;
            }
            free(current);
            return;
        }
        previous=current;
        current=current->next;
    }
}
```

```c
// 输出链表中的学生信息
void printStudents(Student* head){
    printf(" 学生信息 :\n");
    Student* current=head;
    while(current !=NULL){
        printf(" 学号 :%d, 姓名 :%s\n",current->id,current->name);
        current=current->next;
    }
}
// 释放链表内存
void freeStudents(Student* head){
    Student* current=head;
    while(current !=NULL){
        Student* temp=current;
        current=current->next;
        free(temp);
    }
}
int main(){
    Student* head=NULL;    // 插入学生节点
    insertStudent(&head,1," 张三 ");
    insertStudent(&head,2," 李四 ");
    insertStudent(&head,3," 王五 ");
    // 输出学生信息
    printStudents(head);
    // 删除学生节点
    deleteStudent(&head,2);
    // 输出更新后的学生信息
    printStudents(head);
    // 释放链表内存
    freeStudents(head);
    return 0;
}
```

(四) 编译运行结果

程序运行结果如图 7-7 所示。

图 7-7 学生信息

任务三 设计一个一次只能装一种水果的罐头瓶

任务说明

因题目要求罐头瓶一次只能装一种水果，结合共用体变量任何时候只有一个成员有效的特点，所以本实例将罐头瓶的数据类型设计为一个共用体，该共用体包括黄桃、椰子和山楂 3 个成员。

必备知识

一、共用体

共用体的类型说明和变量的定义方式与结构体的类型说明和变量定义的方式完全相同，不同的是，结构体变量中的成员各自占有自己的存储空间，而共用体变量中的所有成员占有同一个存储空间。

（一）共用体类型的说明和变量的定义

1．共用本类型的说明

共用体类型说明的一般形式如下。

```
union 共用体标识名
{
    数据类型    成员名1;
    数据类型    成员名2;
     ⋮
    数据类型    成员名n;
};
```

例如：

```
union un_1
{
  int i;
  double x;
} s1,s2,*p;
```

变量 s1 在存储单元示意图，如图 7-8 所示。

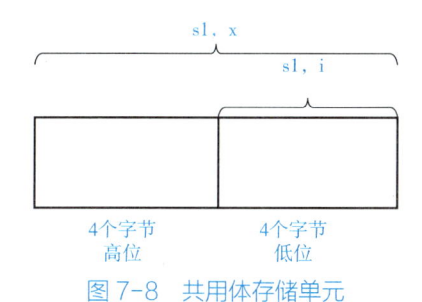

图 7-8 共用体存储单元

2．共用体类型变量的定义

（1）共用体类型变量的定义，在形式上与结构体变量的定义非常相似，但它们在本质上是有区别的，结构体变量中的每个成员分别占有独立的存储空间，因此结构体变量所占内存字节数是其所有成员所占字节数的总和；而共用体变量中的所有成员共享一段公共存储区，所以共用体变量所占内存字节数与其各成员中占字节数最多的那个成员相等。例如，int 型占 4 个字节，double 型占 8 个字节，则以上定义的共用体变量 s1 占 8 个字节，而不是 4+8=12 个字节。

（2）由于共用体变量中的所有成员共享存储空间，因此其所有成员的首地址均相同，而且变量的地址也就是其变量成员的首地址。例如，&s1=&s1.i=&s1.x。

（3）由于共用体变量中的各个成员共用一段存储单元，所以在任何时刻，只能有一种类型的数据存放在共用体变量中，即在任何时刻只有一个成员有效，其他成员无效。

（4）在定义共用体变量的同时初始化变量，此时只能对共用体变量的第一个成员进行初始化，不能同时对共用体变量的所有成员进行初始化。因此以上定义的变量 s1 和 s2 初始化时只能对成员 i 赋整型数据值。

（5）共用体类型可以出现在结构体类型定义中，也可以定义共用体数组；反之，结构体也可以出现在共用体类型定义中，数组也可以作为共用体成员。

（二）共用体变量的引用

1．共用体变量中成员的引用

共用体变量中每个成员的引用方式与结构体完全相同，有以下 3 种形式。

（1）共用体变量名.成员名。

（2）指针变量名 -> 成员名。

（3）(* 指针变量名). 成员名。

例如，若 s1、s2 和 p 的定义如前，且有 p=&s1.i、&s1.x 或 p->i、p->x、(*p).i、(*p).x 都是合法的引用形式。

共用体变量中的成员变量同样可参与其所属类型允许的任何操作。但在访问共用体变量中的成员时应注意共用体变量中起作用的是最近一次存入的成员变量的值，原有成员变量的值已被覆盖。

2．共用体变量的整体赋值

ANSI 标准允许在两个类型相同的共用体变量之间进行赋值操作。设有：s1.i=5，则有如下执行。

```
s2=s1;
printf("%d\n",s2.i);
输出的值为 5
```

3．向函数传递共用体变量的值

同结构体变量一样，共用体类型的变量可以作为实参进行传递，也可以传递共用体变量的地址。

例：利用共用体类型的特点分别取出 short 型变量高字节和低字节中的两个数。

```c
#include<stdio.h>
union change
{
   char c[2];
   short a;
}un;
int main()
{
   un.a=16961;
   printf("%d,%c\n",un.c[0],un.c[0]);
   printf("%d,%c\n",un.c[1],un.c[1]);
   return 0;
}
```

程序运行结果如图 7-9 所示。

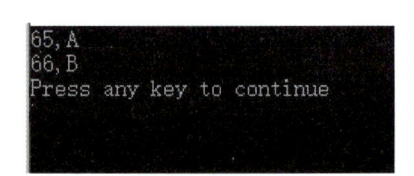

图 7-9　向函数传递共用体变量的值

本实例中的共用体变量 un 中包含两个成员，即字符数 c 和 short 型变量 a，它们都占两个字节的存储单元。由于是共用存储单元，给 un 的成员 a 赋值后，内存中数据的存储情况如图 7-10 所示。

66 ('B')	65 ('A')
01000010	01000001
un.c[1]	un.c[0]

图 7-10　共用体成员赋值后数据存储

当给成员 un.a 赋 16 961 后，系统将按 short 整型把数存放在存储空间中，分别输出 un.c[1]、un.c[0]，即完成一个 short 整型数分别按高字节和低字节进行输出的操作。

任务实施

二、程序编写步骤

现有三种水果，桃，椰子，山楂，设计一个一次只能装一种水果的罐头瓶，本次装山楂。

（一）创建或打开工程文件

新建工程文件，在工程名称文本框中，输入新工程的名称"c_paint7-3"，单击"确定"按钮，完成工程的创建。也可打开原有的工程文件。

（二）创建源程序文件

新建源程序文件，在文件名文本框中，输入源程序名称"输出山楂"，单击"确定"按钮，完成文件的创建。

（三）编写程序

在代码编辑区输入如下程序代码。

```c
#include<stdio.h>
#include<string.h>
struct peaches
{
    char name[64];
};
struct coconut
{
    char name[64];
};
struct hawthorn
{
    char name[46];
```

```
};
union tin
{
    struct peaches p;
    struct coconut c;
    struct hawthorn h;
};
int main()
{
    union tin t;
    strcpy(t.p.name," 桃 ");
    strcpy(t.c.name," 椰子 ");
    strcpy(t.h.name," 山楂 ");
    printf(" 这个罐头瓶装 %s \n",t.p.name);
    return 0;
}
```

（四）编译运行结果

程序运行结果如图 7-11 所示。

图 7-11　罐头瓶装山楂

任务四　制作水果拼盘

任务说明

某餐厅用西瓜、桃子、草莓、香蕉、菠萝和苹果 6 种水果制作水果拼盘，要求每个拼盘中有 4 种不同水果。编写程序计算可以制作出多少种满足题目要求的水果拼盘。

必备知识

一、枚举类型

在实际应用中，有些变量只有几种可能的取值，如交通信号灯只有红、黄和绿 3 种颜色，人的性别有男、女两种，一天只有 24 小时，一个小时只有 60 分钟等等。

在 C 语言中，可以将这些只有有限个取值的变量定义为枚举。枚举是指将变量的值一一列举出来，变量只能在列举出来的值得范围内取值。从应用的角度出发，将枚举类型划归为构造类型，并不是直接使用枚举类型关键字定义变量，而是先构造一个新类型，然后用这个类型名定义变量。

（一）枚举类型的定义

1．枚举类型

定义一个枚举类型的一般形式如下。

```
enum 枚举名 { 枚举值列表 };
```

（1）关键字 enum 是枚举类型的标志，"enum 枚举名"构成枚举类型。
（2）枚举是一个集合，集合中的元素（称为枚举成员或枚举常量）是一些特定的标识符，各元素之间用逗号隔开，例如。

```
enum color{red,yellow,green,blue,black};
```

定义了一个枚举类型 enum color，它有 5 种颜色的可取值。
（3）在枚举类型中，枚举成员是有值的，第一个枚举成员的默认值为 0，后续成员的值依次递增。上述枚举类型 enum color 中，成员 red、yellow、green、blue 和 black 的值分别为 0、1、2、3、4。
（4）枚举成员是常量，不能对它们赋值。如"red=1;"是错误的，但是在定义枚举类型时可以指定枚举成员的值，例如。

```
enum color{red=7,yellow=3,green,blue,black};
```

则成员 red 的值为 7，yellow 的值为 3，green、blue 和 black 的值是在前一个值的基础上顺序加 1，分别是 4、5、6。
（5）同一个程序中不能定义同名的枚举类型，不同的枚举类型中也不能存在同名的枚举成员。

2．枚举变量

声明了枚举类型后，可以使用它来定义枚举变量，定义的方法与结构和共用体类似，有以下 3 种形式。
（1）先定义枚举类型，然后定义枚举变量。

```
enum color{red,yellow,green,blue,black};
enum color c1,c2;
```

（2）定义枚举类型的同时定义枚举变量。

```
enum color {red,yellow,green,blue,black} c1,c2;
```

（3）直接定义枚举变量。

```
enum {red,yellow,green,blue,black} c1,c2;
```

使用枚举变量时需注意以下 3 点。

①枚举变量的值只能为枚举类型中列举出来的枚举成员，如"c1=red;"，则 c1 的值为 0。

②枚举成员不是字符常量或字符串常量，使用时不能加单引号或双引号。

③不能将一个数值直接赋值给枚举变量，如"c1=3;"是错误的，但是可以使用强制类型转换进行赋值，如"c1=(enum color)3;"，其含义是将枚举类型 enum color 中值为 3 的成员赋值给变量 c1，相当于"c1=blue;"。

（二）枚举类型数据的使用

枚举类型的数据不能直接进行输入输出。在输入时应先输入其对应的序号，然后将该序号强制转换成对应的数据再将其输出。

同一种枚举类型数据之间可以进行关系运算，在对枚举类型数据进行比较时是对其序号值进行比较的。

任务实施

二、程序编写步骤

由于水果拼盘中只有 6 种水果，因此可定义 1 个枚举类型 enum fruits，使某个变量只能在这 6 种水果中取值。题目要求用 4 种不同的水果组成 1 个拼盘，所以使用 4 个变量分别从枚举类型 enum fruits 中取不同的值，从而可以得出制作符合条件的水果拼盘的种类。

（一）创建或打开工程文件

新建工程文件，在工程名称文本框中，输入新工程的名称"c_paint 7-4"，单击"确定"按钮，完成工程的创建。也可打开已有的工程文件。

（二）创建源程序文件

新建源程序文件，在文件名文本框中，输入源程序名称"计算水果拼盘种类"，单击"确定"按钮，完成文件的创建。

（三）编写程序

在代码编辑区输入如下程序代码。

```c
#include<stdio.h>
enum fruits{watermelon ,peach ,strawberry ,banana ,pineapple ,apple};
int main(){
char fts[ ][20]={"西瓜","桃子","草莓","香蕉","菠萝","苹果"};
enum fruits x ,y ,z ,p;
int k=0;
for(x=watermelon ;x<=apple ;x++)
for(y=x+1;y<=apple ;y++)
for(z=y+1;z<=apple ;z++)
for(p=z+1;p<=apple ;p++)
printf("%d:%s %s %s %s \n",++k,fts[x],fts[y],fts[z],fts[p]);
printf(" 可以制作出%d种水果拼盘 ",k);
return 0;
}
```

（四）编译运行结果

程序运行结果如图 7-12 所示。

图 7-12　计算水果拼盘种类

实训与练习

1. 统计候选人票。设有 3 个候选人，每次输入一个获得选票的候选人的名字，要求最后输出的 3 个候选人的得票结果。

2. 编写程序，输入若干个学生的学号、姓名和成绩，输出学生的成绩等级和不及格人数。等级设置为：90～100 分为 A、80～89 分为 B、70～79 分为 C、60～69 分为 D、0～59 分为 E。要求使用结构体指针作为参数进行传递。

3. 设有一个单向链表结点的数据类型被定义为：

```
struct node
{
        int x;
        struct node *next;
};
```

要求定义一个 fun 函数遍历 h 所指向的链表的所有结点，当遇到 x 值为奇数的结点时，将该结点移到 h 链表的第一个结点之前，函数返回链表首结点地址。分别输出原始链表及修改后链表中所有结点的 x 值。

项目八　文件的读写操作

学习目标

1. 了解 C 语言中的文件。
2. 掌握如何处理文件。
3. 掌握文件的读写操作。

课程思政

武汉地震监测中心遭网络攻击的幕后黑手是谁？

数据已逐渐成为与物质资产和人力资源同样重要的基础性生产要素。因此，数据又被广泛认为是推动经济社会创新发展的关键因素。同时，数据安全同国家安全密切相关。读者需要增强数据安全意识，了解相关法规，共同维护国家安全。

武汉地震监测中心遭网络攻击的幕后黑手是谁？

项目描述

本项目将学习 C 语言的文件读写知识，文件的多种类型，重点是从文件中获取自己需要的数据，并将需要保存的数据写到文件中。C 语言初学者很难掌握二进制文件操作。本项目只学习对文本文件基本的读、写和追加三种操作方式。

任务一　读取文件数据，处理后输出到另一个文件

任务说明

读入一个文本文件"file1.txt"，将其中的小写字母转换为大写字母，输出到另一个文本文件中。有了前面的文件操作知识，就可以开始学习具体的文件操作。如

前所述，文件有多种类型，但 C 语言按文件中数据的储存格式将文件按大类分为文本文件和二进制文件，对文件的操作也划分为针对文本类型和二进制类型两种。

必备知识

一、文件概述

文件是一组相关数据的有序集合。每个文件都有一个文件名。实际上在前面的各项目中已经多次使用了文件，例如源程序文件、目标文件、可执行文件、库文件等，文件通常是驻留在外部介质（如磁盘等）上，在使用时才调入内存中来，所以也把文件称为磁盘文件。

（一）磁盘文件名

为了区分磁盘上不同的文件，必须给每个磁盘文件一个标识。能唯一标识某个磁盘文件的就是"磁盘文件名"。关于磁盘文件名的详细说明可参考有关资料，下面简单地介绍一下磁盘文件名的组成。

磁盘文件名的一般形式为盘符：路径\文件主名.扩展名。

（1）盘符可以是 A、B、C 等，盘符表示文件所在的磁盘。

（2）路径是由目录组成的，目录间用"\"符号分隔。路径是用来表示文件所在的目录。

（3）文件主名是由字母开头的字母、数字等字符组成的，长度一般不超过 8 个字符。

（4）扩展名由字母开头的字母、数字等字符组成的，长度一般不超过 3 个字符，文件主名和扩展名之间由一个小圆点隔开。

构成文件名时，"盘符"和"路径"都可以省略。省略"盘符"，表示文件在当前盘指定路径下；省略"路径"，表示文件在指定盘的当前路径下；如果"盘符"和"路径"同时省略，则表示指定文件在当前盘、当前路径下。

（二）磁盘文件的分类

磁盘文件有多种分类方法。在这里，重点介绍两种：一是按文件中数据格式分类，二是按文件读写方式分类。

1．按数据格式分类

按文件中数据存放的格式分类，可以把文件分为"二进制文件"和"文本文件"。

二进制文件中数据都是按其二进制格式存放。例如，一个整型数据 -1234 在二进制文件中只占 2 个字节，一个单精度型数据 -12.34 在二进制文件中要占 4 个字节。

文本文件中数据都是将其转换成对应的 ASCII 代码字符来存放。例如，一个整型数据 -1234 在文本文件中要占 5 个字节，依次存放表示"-1234"的 5 个字符："-""1""2""3""4"；一个单精度型数据 -12.34 在文本文件中要占 6 个字节，依次存放表示"-12.34 的 6 个字符："-""1""2"".""3""4"。

2．按读写方式分类

按文件的读写方式分类，可以把文件分为顺序文件和随机文件。

（1）对顺序文件来说，读写必须从头开始。读取顺序文件中的数据时，只能从第 1 个数据开始读取，直到读取的数据是要处理的数据为止。如果要把处理后的这个数据写回到顺序文件中，也必须是从第 1 个数据开始，依次把数据写到文件中，当处理的这个数据已写回到数据文件后，必须继续读取并写回其后的所有数据。

（2）对随机文件来说，读写的过程是随机的。只要利用系统函数确定当前文件中的读写位置，就可以直接对这个数据进行读写操作。

（三）缓冲文件系统和非缓冲文件系统

当程序中读写文件数据时，系统并不是只对处理的那个数据进行读写，而是一次读写一批数据存放在内存的某个区域中。这样做可以加快读写磁盘文件的速度，因为磁盘是机械设备，从开始启动到读写数据要花费较长的时间。

当用户要读取某个数据时，先在这个内存区域中查找，找到则不读盘，直接从内存区域中读取数据；找不到再读一次磁盘。当用户要将某个数据写到磁盘上，先是写到这个内存区，当内存区中数据已写满时，将会自动地全部写入磁盘文件。这个内存区是磁盘文件和程序中存放数据的变量、数组之间交换数据的缓冲区域，称为"文件缓冲区"。

C 语言早期规定可以使用两种形式来建立这个文件缓冲区：缓冲文件系统和非缓冲文件系统，缓冲文件系统的缓冲区是系统自动设定的，随着一个文件的打开，自动设置一段内存区域作为这个文件的缓冲区。非缓冲文件系统不会自动设置缓冲区，要求用户在程序中为打开的文件设置缓冲区。由于缓冲文件系统操作简单，所以 ANSI C 采用缓冲文件系统来处理文件。

（四）设备文件

根据计算机中输入/输出设备的输入/输出功能和文件的读取数据/写入数据相似的特点，把输入/输出设备也看成文件，称为设备文件。微型机上配备的标准输入设备是键盘，常用标准输出设备是显示器，同时显示器还有输出错误信息的功能。

从输入设备上读取数据，可看成是从输入中读取数据；将数据写到输出设备上，可以看成是写到输出设备文件中。

C 语言规定：对上述的标准输入/输出设备进行数据的读写操作，不必事先打开设备文件，操作后，也不必关闭设备文件。因为系统在启动后已自动打开标准设备，系统关闭时，将自动关闭标准设备。

二、文件指针及文件的操作

在 C 语言中用来指向文件的指针变量，称为文件指针。通过文件指针可对文件进行相应的操作。

(一) 文件型指针及文件型指针的定义

C 语言中，文件类型是一种特殊的结构体类型，该结构型中的成员记录了处理文件时所需的信息。例如文件代号（整型）、文件缓冲区所剩余的字节数（整型）、文件操作模式（整型）、下一个待处理字节的地址（字符型指针）、文件缓冲区首地址（字符型指针）。对这个结构类型、系统已经在名为"stdio.h"的头文件中按下列格式进行了定义。

```
Typedef struct
{   int_fd;          /* 文件代号 */
    int_clef;        /* 文件缓冲区所剩余的字节数 */
    int_ mode;       /* 文件操作模式 */
    char*nextc;      /* 下一个待处理字节的地址 */
    char*buff;       /* 文件缓冲区首地址 */
    …… ….
} FILE;
```

用户可以直接使用"FILE"来定义结构型的指针变量。用"FILE"定义的指针变量通常称为"文件型指针"，是专用于文件处理的。文件型指针的定义方法如下。

```
FILE    *文件型指针名1,  *文件型指针名2,  …;
```

其中的"文件型指针名"是用户选取的标识符，例如。

```
FILE*fp;
```

表示 fp 是指向 FILE 结构的指针变量，通过 fp 即可找到存放某个文件的信息，然后按结构变量提供的信息找到该文件，并实施对文件的操作。习惯上把 fp 称为指向一个文件的指针。由于"FILE"是在头文件"stdio.h"中定义的，所以使用它的程序开头应有包含语句"#include<stdio.h>"。

(二) 文件的打开与关闭函数

由于文件是存放在磁盘上，程序只能处理内存中的数据，不能直接操作文件中的数据。只能把文件中的数据读取到内存中，才能操作文件中的数据。同样，修改文件中的数据后，由于修改的是读到内存的数据，还需要将内存中的数据存回到磁盘上，才能保证文件中的数据被修改。

要对文件进行操作，首先必须进行"文件打开"的操作，然后进行文件的读、写、修改等操作，如果文件操作完毕，要对文件实行"关闭"操作，这样可以将内存中的数据保存到磁盘文件中，以防数据丢失。

当某个磁盘文件被打开后，就有一个文件内部指针指向磁盘文件中的第 1 个数据，当读取了这个内部指针指向的数据后，内部指针会自动指向下一个数据。当向某个文件写入数据时，这个内部指针总是自动指向下一个要写入数据的位置。这个内部指针随着文件的打开而自动设置，随着文件的关闭将自动消失。

在 C 语言中，文件操作都是通过函数来完成的。下面将介绍主要的文件操作函数。

1. 文件打开函数 fopen

fopen 函数用来打开一个文件，其调用的一般形式如下。

```
文件指针名=fopen(文件名,使用文件方式);
```

其中，文件指针名：必须是被说明为 FILE 类型的指针变量。文件名：是被打开文件的文件名，是字符串常量或字符串数组。使用文件方式：是指文件的类型和操作要求。例如。

```
FlLE  *fp;
fp=("file1","r");
```

其意义是在当前目录下打开文件"file1"，只允许进行"读"操作，并使 fp 指向该文件。例如。

```
FILE  *fphzk;
fphzk=("c:\\hzk16","rb");
```

其意义是打开 C 驱动器磁盘的根目录下的文件 hzk16，这是一个二进制文件，只允许按二进制方式进行读操作。两个反斜线"\\"中的第一个表示转义字符，第二个表示根目录。

使用文件的方式共有 12 种，下面给出了它们的符号和意义见表 8-1。

表 8-1 符号和意义

文件使用方式	意义
"r"	只读打开一个文本文件，只允许读数据
"w"	只写打开或建立一个文本文件，只允许写数据
"a"	追加打开一个文本文件，并在文件末尾写数据
"rb"	只读打开一个二进制文件，只允许读数据
"wb"	只写打开或建立一个二进制文件，只允许写数据
"ab"	追加打开一个二进制文件，并在文件末尾写数据
"r+"	读写打开一个文本文件，允许读和写
"w+"	读写打开或建立一个文本文件，允许读写
"a+"	读写打开一个文本文件，允许读，或在文件末追加数据

续表

文件使用方式	意义
"rb+"	读写打开一个二进制文件，允许读和写
"wb+"	读写打开或建立一个二进制文件，允许读和写
"ab+"	读写打开一个二进制文件，允许读，或在文件末追加数据

对于文件使用方式有以下 5 点说明。

（1）文件使用方式由"r""w""a""b""+"五个字符拼成。

（2）用"r"打开一个文件时，该文件必须已经存在，且只能从该文件读出。

（3）用"w"打开的文件只能向该文件写入。若打开的文件不存在，则以指定的文件名建立该文件，若打开的文件已经存在，则将该文件覆盖。

（4）若要向一个已存在的文件追加新的信息，应该用"a"方式打开文件。但此时该文件必须是存在的，否则将会出错。

（5）在打开一个文件时，如果出错，fopen 将返回一个空指针值 NULL。在程序中可以用这一信息来判别是否完成打开文件的工作，并作相应的处理。因此常用以下程序段打开文件。

```
if((fp=fopep("c\\hzk16","rb"))==NULL)
{
printf("\nerror on open c:\\hzk16 file!");
getchar();
exit(0);
}
```

这段程序的意义是，如果返回的指针为空，表示不能打开 c 盘根目录下的"hzk16"文件，则给出提示信息"error on open c:\hzk16 file!"，下一行 getchar( ) 的功能是从键盘输入一个字符，但不在屏幕上显示。在这里，该行的作用是等待，只有当用户从键盘敲击任一键时，程序才继续执行，因此用户可利用这个等待时间阅读出错提示。敲键后执行 exit(0) 退出程序。

2．文件关闭函数 fclose

文件一旦使用完毕，应用关闭文件函数把文件关闭，以避免文件的数据丢失等错误。fclose 函数调用的一般形式如下。

```
fclose(文件指针);
fclose(fp);
```

正常完成关闭文件操作时，fclose 函数返回值为 0。如返回非 0 值则表示有错误发生。

（三）标准设备文件的打开与关闭

标准输入 / 输出设备的使用不必事先打开对应的设备文件，在系统启动后，已自动打开这三个设备文件,并且为它们各自设置了一个文件型指针,名称如下。

标准设备名	对应文件型指针名
标准输入设备(磁盘)	stdin
标准输出设备(显示器)	stdout
标准错误输出设备(显示器)	stderr

程序中可以直接使用这些文件型指针来处理标准设备文件。标准输入/输出设备文件使用后,也不必关闭。因为在退出系统时,将自动关闭设备文件。

三、文件的顺序读写

对文件的读和写是最常用的文件操作。在 C 语言中提供了多种文件读写的函数。

```
字符读写函数:fgetc 和 fputc
字符串读写函数:fgets 和 fputs
数据块读写函数:fread 和 fwrite
格式化读写函数:fscanf 和 fprinf
```

下面分别予以介绍。使用以上函数都要求包含头文件"stdio.h"。

(一)字符读函数 fgetc

字符读、写函数是以字符(字节)为单位进行操作。每次可从文件读出一个字符。函数调用的形式如下。

```
字符变量=fgetc(文件指针);
ch=fgetc(fp);
```

其意义是从 fp 指向的文件中读取一个字符并送入 ch 中。
对于 fgetc 函数的使用有以下 3 点说明。
(1)在 fgetc 函数调用中,读取的文件必须是以读或读写方式打开的。
(2)读取字符的结果可以不进行赋值操作。例如:fgetc(fp);但是,这样操作所读出的字符不能保存。
(3)在文件内部有一个位置指针。用来指向文件的当前读写字节。在文件打开时,该指针总是指向文件的第一个字节。使用 fgetc 函数后,该位置指针将向后移动一个字节。因此可连续多次使用 fgetc 函数,读取多个字符。
应注意文件指针和文件内部的位置指针不是一回事。文件指针是指向整个文件,须在程序中定义说明,只要不重新赋值,文件指针的值是不变的。文件内部的位置指针用以指示文件内部的当前读写位置,每读写一次,该指针均向后移动,它不需要在程序中定义说明，而是由系统自动设置的。

例：从文件中读取一个字符函数。

```
#include<stdio.h>
int main(){
    FILE *pfile;
    char c;
    pfile=fopen("d:\\file1.txt","r");
    c=fgetc(pfile);
    fputchar(c);
    fclose(pfile);
    printf("\n");
return 0;
}
```

程序运行结果，从 D 盘文件"file1.txt"中读取一个字符"q"显示在界面上，如图 8-1 所示。

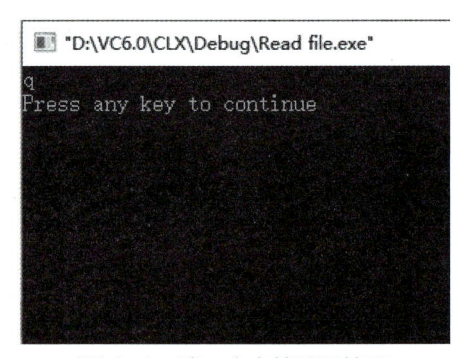

图 8-1　读一个字符显示结果

（二）写字符函数 fputc

fputc 函数的功能是把一个字符写入指定的文件中，函数调用的形式如下。

```
fputc(字符量,文件指针);
```

其中，待写入的字符量可以是字符常量或变量。例如。

```
fputc('a';fp);
```

其意义是把字符 a 写入 fp 所指向的文件中。

对于 fputc 函数的使用有以下 3 点说明。

（1）被写入的文件可以用写、读写，追加方式打开，用写或读写方式打开一个已存在的文件时将清除原有的文件内容，写入字符从文件首开始。如需保留原有文件内容，希望写入的字符以文件末尾存放，必须以追加方式打开文件。被写入的文件若不存在，则创建该文件。

（2）每写入一个字符，文件内部位置指针向后移动一个字节。

（3）fputc 函数有一个返回值，如写入成功则返回写入的字符，否则返回一个 EOF。可用此来判断写入是否成功。

例：将一个字符写入到文件中。

```
#include<stdio.h>
int main(){
    FILE *pfile;
    char c='w';
    pfile=fopen("d:\\file1.txt","w");
    fputc(c,pfile);
    fclose(pfile);
return 0;
}
```

写一个字符到文件"file1.txt"中运行结果如图 8-2 所示。

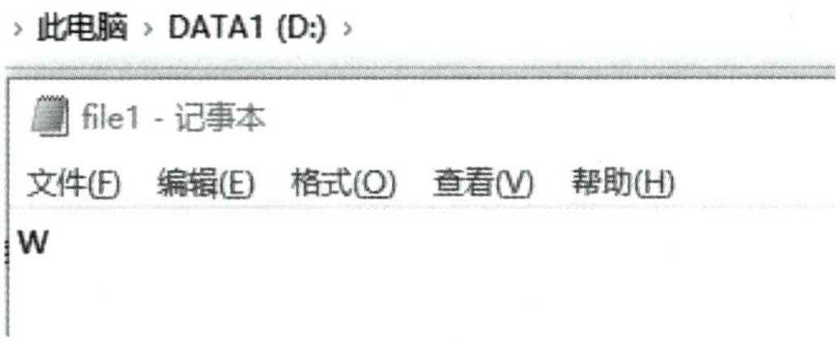

图 8-2　写一个字符到文件"file1.txt"中运行结果

（三）字符串读函数 fgets

fgets 函数的功能是从指定的文件中读一个字符串到字符数组中。函数调用的形式如下。

```
fgets(字符数组名,n,文件指针);
```

例：从文件"file1.txt"中读入一个含 10 个字符的字符串。

```
#include<stdio.h>
void main(){
    FILE *fp;
    char str[10];
```

```
        if((fp=fopen("d:\\file1.txt","r"))==NULL)
        {
            printf("Cannot open file strike any key exit!");
            getchar();
        }
        fgets(str,10,fp);
        printf("%s\n",str);
        fclose(fp);
    }
```

从文件"file1.txt"中读取一串字符串运行结果，如图 8-3 所示。

图 8-3　从文件"file1.txt"中读取一串字符串运行结果

本例定义了一个字符数组，在以读文件方式打开文件"file1.txt"后，从中读出 10 个字符写入 str 数组，然后在屏幕上显示输出 str 数组。

对 fgets 函数有以下 2 点说明。

（1）在读出 n-1 个字符之前，如遇到了换行符或 EOF 结束标志，则操作结束。
（2）fgets 函数也有返回值，其返回值是字符数组的首地址。

（四）写字符串函数 fputs

fputs 函数的功能是向指定的文件写入一个字符串。其调用形式如下。

```
fputs(字符串,文件指针)
```

其中字符串可以是字符串常量，也可以是字符数组名，或指针变量，例如。

```
fputs("abcd",fp);
```

其意义是把字符串"abcd"写入 fp 所指的文件之中。

例：在上例中的文件"file1.txt"中追加一个字符串。

```c
#include<stdio.h>
void main(){
    FILE *fp;
    char ch,st[20];
    if((fp=fopen("d:\\file1.txt","a+"))==NULL)
    {
        printf("Cannot open file strike any key exit!");
        getchar();
        exit(0);
    }
    printf("input a string:\n");
    scanf("%s",st);
    fputs(st,fp);
    rewind(fp);
    ch=fgetc(fp);
    while(ch!=EOF)
    {
      putchar(ch);
      ch=fgetc(fp);
    }
    printf("\n");
    fclose(fp);
}
```

在文件"file1.txt"中末端追加一个串字符串"1234567890"的运行结果如图8-4所示。

图8-4 在文件"file1.txt"中末端追加一个串字符串的运行结果

本例要求在文件"file1.txt"末端添加字符串,因此,在程序中以追加文本文件的方式打开文件"file1.txt"。然后输入字符串，并用 fputs 函数把该串写入文件"file1.txt"。在程序中用 rewind 函数把文件内部位置指针移到文件首。再进入循环逐个显示当前文件中的全部内容。

任务实施

四、程序编写步骤

读取 D 盘文件"file1.txt"内容，将其中的小写字母转换为大写字母，输出到另一个文件"file2.txt"中。

（一）创建或打开工程文件

新建工程文件，在工程名称文本框中，输入新工程的名称"c_paint8-1"，单击"确定"按钮，完成工程的创建。也可打开原有的工程文件。

（二）创建源程序文件

新建源程序文件，在文件名文本框中，输入源程序名称"转换文件内容"，单击"确定"按钮，完成文件的创建。

（三）编写程序

在代码编辑区输入如下程序代码。

```
#include<stdio.h>
#include<stdlib.h>
char conversion(char ch){
    if(ch>='a'&&ch<='z')
        return ch&0xDF;
    else return ch;
}
int main(void){
    FILE*fpi ,*fpo ;
    int k ;
    fpi=fopen("d:\\file1.txt","r");
    fpo=fopen("d:\\file2.txt","w");
    if(fpi==NULL||fpo==NULL){
        printf("Open the file failure…\n");
        exit(0);
    }
    while(( k=fgetc(fpi))!=EOF)
```

```
        fputc(conversion(k),fpo);
    fclose(fpi);
    fclose(fpo);
    printf("Conversion is complete!\n");
    return 0;
}
```

(四)编译运行程序

文件"file1.txt"的内容转换到"file2.txt"中,并转换为大写字母,如图 8-5 所示。

图 8-5 文件内容转换大小写

任务二　将指定数据读取到文件中

任务说明

将 10 个字节数据,写到 D 盘文件"number.txt"中,然后正常读取前 2 个字节,再次读取时跳过 4 个字节,后读取 2 个字节。就要用数据块函数 fread / fwrite,怎样实现跳过 4 字节的部分呢?为了解决这个问题可移动文件内部的位置指针到需要读写的位置,再进行读写。

必备知识

一、数据块读写函数 fread 和 fwrite

C 语言提供了用于整块数据的读写函数。可用来读写一组数据,如一个数组元素、一个结构变量的值等。fread / fwrite 函数可以操作二进制文件、文本文件;getc

/putc 函数、fscanf/fprintf 函数、fgets/fputs 函数，只能用于操作文本文件。

数据块函数调用的一般形式如下。

```
fread(buffer,size,count,fp);
```

数据块函数调用的一般形式如下。

```
fwrite(buffer,size,count,fp);
```

其中 buffer 是一个指针，在 fread 函数中，表示存放输入数据的首地址；在 fwrite 函数中，表示存放输出数据的首地址；size 表示数据块的字节数；count 表示要读写的数据块块数；fp 表示文件指针。例如。

```
fread(fa,4,5,fp);
```

其意义是从 fp 所指的文件中，每次读 4 个字节（一个实数）送入实数组 fa 中，连续读 5 次，即读 5 个实数到 fa 中。

例：从键盘上输入一个数组，将数组写入文件"file5.txt"中在读出显示在屏幕上。

```
#include<stdio.h>
#include<stdlib.h>
#define j 6
int main(){
    int a[j],b[j];
    int i,size=sizeof(int);
    FILE*fp;
    if((fp=fopen("D:\\file5.txt","rb+"))==NULL)
    {
        puts("Fail to open file!");
        exit(0);
    }
    for(i=0;i<j;i++)
    {
        scanf("%d",&a[i]);
    }
    fwrite(a,size,j,fp);
    rewind(fp);
    fread(b,size,j,fp);
```

```
    for(i=0;i<j;i++)
    {
        printf("%d",b[i]);
    }
    printf("\n");
    fclose(fp);
    return 0;
}
```

将数组写入文件 file5 中,运行结果如图 8-6 所示。

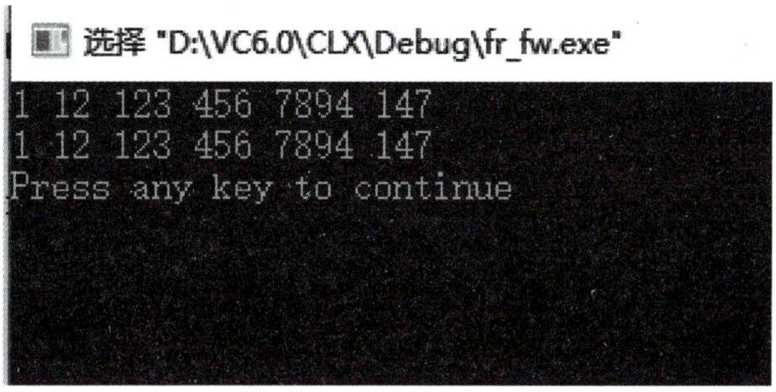

图 8-6 数组写入文件 "file5.txt" 运行结果

二、格式化读写函数 fscanf 和 fprintf

fscanf 函数、fprintf 函数与前面使用的 scanf 函数和 printf 函数的功能相似,都是格式化读写函数。两者的区别在于 fscanf 函数和 fprintf 函数的读写对象不是键盘和显示器,而是磁盘文件。这两个函数的调用格式如下。

```
fscanf(文件指针,格式字符串,输入表列);
fprint(文件指针,格式字符串,输出表列);
```

例如:

```
fscanf(fp,"%d%s" ,&i,s);
fprintf(fp,"%d%c",j,ch);
```

例: 用 fscanf 和 fprintf 函数来完成对学生信息的读写。

```
#include<stdio.h>
#include<stdlib.h>
```

```c
#define N 2
struct stu{
    char name[10];
    int num;
    int age;
    float score;
}boya[N],boyb[N],*pa,*pb;
int main(){
    FILE*fp;
    int i;
    pa=boya;
    pb=boyb;
    if((fp=fopen("D:\\file6.txt","wt+"))==NULL){
        puts("Fail to open file!");
        exit(0);
    }
    printf("Input data:\n");
    for(i=0;i<N;i++,pa++){
        scanf("%s %d %d %f",pa->name,&pa->num,&pa->age,&pa->score);
    }
    pa=boya;
    for(i=0;i<N;i++,pa++){
        fprintf(fp,"%s %d %d %f\n",pa->name,pa->num,pa->age,pa->score);

    }
    rewind(fp);
    for(i=0;i<N;i++,pb++){
        fscanf(fp,"%s %d %d %f\n",pb->name,&pb->num,&pb->age,&pb->score);
    }
    pb=boyb;


    for(i=0;i<N;i++,pb++){
        printf(" 姓名:%s 学号:%d 年龄:%d 分数:%f\n",pb->name,pb->num,pb->age,pb->score);
```

```
    }
    fclose(fp);
    return 0;
}
```

用 fscanf 和 fprintf 函数完成对学生信息的读写运行结果，如图 8-7 所示。

图 8-7 用函数完成对学生信息的读写

三、文件的其他函数

前面介绍的对文件的读写方式都是顺序读写，即读写文件只能从头开始，顺序读写各个数据。但在实际问题中常要求只读写文件中某一指定的部分。为了解决这个问题可移动文件内部的位置指针到需要读写的位置，再进行读写，这种读写称为随机读写。

实现随机读写的关键是要按要求移动位置指针，这称为文件的定位。

（一）文件定位函数

移动文件内部位置指针的函数主要有两个，即 rewind 函数和 fseek 函数。

1. rewind 函数

rewind 函数是把文件内部的位置指针移到文件首。其调用形式如下。

```
rewind(文件指针);
```

2. fseek 函数

fseek 函数用来移动文件内部位置指针。

```
其调用形式为：fseek(文件指针,位移量,起始点);
```

其中"文件指针"指向被移动的文件。

"位移量"表示移动的字节数,要求位移量是 long 型数据,以便在文件长度大于 64KB 时不会出错。当用常量表示位移量时,要求加后缀"L"。

"起始点"表示从何处开始计算位移量。

规定的起始点有三种:文件首、当前位置和文件末尾。其表示方法如下。

起始点	表示符号	数字表示
文件首	SEEK_SET	0
当前位置	SEEK_CUR	1
文件末尾	SEEK_END	2

例如:

```
fseek(fp,100L,0);
```

其意义是将位置指针转移到距离文件首 100 个字节处。

fseek 函数一般用于二进制文件。在文本文件中由于要进行转换,故往往计算的位置会出现错误。

(二) 文件检测函数

C 语言中常用的文件检测函数有以下 3 个。

1. 文件结束检测函数 feof

判断文件是否处于文件结束位置,如文件结束,则返回值为 1,否则为 0。函数调用格式如下。

```
feof(文件指针);
```

2. 读写文件出错检测函数 ferror

检查文件在用各种输入输出函数进行读写时是否出错。如 ferror 返回值为 0 表示未出错,否则表示有错。函数调用格式如下。

```
ferror(文件指针);
```

3. 文件出错标志和文件结束标志置 0 函数 clearerr

用于清除出错标志和文件结束标志,使它们为 0 值。函数调用格式如下。

```
clearerr(文件指针);
```

> 任务实施

四、程序编写步骤

实现随机读写的关键是要按要求移动位置指针,要用 fseek 函数来移动文件内部位置指针。

(一)创建或打开工程文件

新建工程文件,在工程名称文本框中,输入新工程的名称"c_paint 8-2",单击"确定"按钮,完成工程的创建。也可打开已有的工程文件。

(二)创建源程序文件

新建源程序文件,在文件名文本框中,输入源程序名称"实现随机读写",单击"确定"按钮,完成文件的创建。

(三)编写程序

在代码编辑区输入如下程序代码。

```
#include<stdio.h>
int main(){
    FILE*file=fopen("D:/number.txt","wb");
    if(file==NULL){
        printf("无法打开文件");
        return 1;
    }
    char data[]="1234567890";    //需要写入的数据
    fwrite(data,sizeof(char),sizeof(data),file);
    fclose(file);
    file=fopen("D:/number.txt","rb");
    if(file==NULL){
        printf("无法打开文件");
        return 1;
    }
    char first_two_bytes[2];
    fread(first_two_bytes,sizeof(char),2,file);
    fclose(file);
    printf("读取前2字节:%c%c\n",first_two_bytes[0],first_two_bytes[1]);
    file=fopen("D:/number.txt","rb");
    if(file==NULL){
```

```
        printf("无法打开文件");
        return 1;
    }
    fseek(file,4,SEEK_SET);
    char next_two_bytes[2];
    fread(next_two_bytes,sizeof(char),2,file);
    fclose(file);
    printf("再次读取跳过4字节后读2字节:%c%c\n",next_two_bytes[0],next_two_bytes[1]);
    return 0;
}
```

(四)编译运行程序

将 10 个字节数据 "1234567890",写到 D 盘文件 "number.txt" 中,然后正常读取前 2 个字节,再次读取时跳过 4 个字节,后读取 2 个字节,程序运行结果如图 8-8 所示。

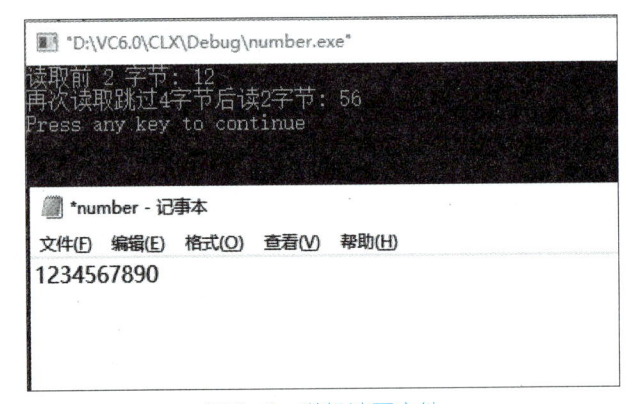

图 8-8 随机读写文件

实训与练习

1. 将此项目中的读出文件 "file1" 的数据显示并将小写转换成大写,存入到文件 "file 2" 中。

2. 编写一个程序,实现将用户从键盘上输入的若干行文字存储到磁盘文件 file 3.txt 中。

3. 编写一个程序,将文件 file 4.txt 中的字符 '0' 替换为字符 'a',将替换后的结果写入文件 file 5.txt 中。

项目九　学生基本信息管理系统

学习目标

1. 掌握数据结构的设计和主菜单的实现。
2. 掌握模块函数的实现和调试。
3. 掌握项目的分解和模块功能的划分方法。
4. 掌握大文件、多函数的实现和调试。

课程思政

中国成功研发 EUV 光源工程化样机

由于 EUV 光刻机的重要性，西方国家一直对中国的半导体企业实施各种限制和封锁，禁止西方国家向中国出口 EUV 光刻机，对中国的芯片制造商和供应商进行制裁和打压。面对种种困境，中国没有放弃自主研发 EUV 光刻机的努力，在过去的几年里，中国的科研团队在 EUV 光刻机领域取得了一系列突破，打破了西方国家的技术垄断。

中国成功研发 EUV 光源工程化样机

项目描述

通过本书内容的学习，已经基本掌握了 C 语言程序设计的基本知识。这里通过一个具体的小项目，一方面复习已经掌握的 C 语言基本语法，培养综合运用 C 语言解决实际问题的能力；另一方面也培养编写程序规范和文档规范的意识，为后续学习奠定良好的基础。

项目说明

编写一个简易学生信息管理系统，学生信息类中包含：姓名、学号、地址、高数、英语、计算机成绩。

系统可以实现以下功能：添加学生资料、列表显示学生资料、查找学生信息、删除记录、按总分进行排序、关闭系统，代码主要实现建立一个简易的学生基本信息管理系统功能。

项目实施

编写程序实现学生基本信息管理系统

在此系统中，将用到很多所学的知识，比如数据的运算表达、顺序结构、选择结构、循环结构、指针的用法、函数的调用和结构体的设计等。

实现此系统，可以定义一个学生信息的结构体，包含姓名、学号、地址、高数、英语、计算机成绩等字段；创建一个学生信息的动态数组，用于存储多个学生的信息；实现添加学生资料功能，通过键盘输入学生信息，并将其添加到学生信息数组中；实现列表显示学生资料功能，遍历学生信息数组，逐个打印学生的信息；实现查找学生信息功能，通过输入学生姓名，遍历学生信息数组，找到匹配的学生信息并打印出来；实现删除记录功能，通过输入学生姓名，遍历学生信息数组，找到匹配的学生信息并删除；实现按总分进行排序功能，根据学生的总分对学生信息数组进行排序，并打印排序后的学生信息；实现关闭系统功能，退出程序。

一、创建工程文件

新建工程文件，在工程名称文本框中，输入新工程的名称"c_paint 9-1"，单击"确定"按钮，完成工程的创建。

二、创建源程序文件

新建源程序文件，在文件名文本框中，输入源程序名称"学生基本信息管理系统"，单击"确定"按钮，完成文件的创建。

三、编写程序

在代码编辑区输入如下程序代码。

```c
#include <stdio.h>
#include <stdlib.h>
#include <string.h>

struct Student {
    char name[50];
    int studentId;
```

```c
        char address[100];
        int mathScore;
        int englishScore;
        int computerScore;
    };

    void addStudent(struct Student* students, int* count) {
        // 输入学生信息并添加到数组中
        printf("请输入学生姓名：");
        scanf("%s", students[*count].name);
        printf("请输入学生学号：");
        scanf("%d", &students[*count].studentId);
        printf("请输入学生地址：");
        scanf("%s", students[*count].address);
        printf("请输入学生高数成绩：");
        scanf("%d", &students[*count].mathScore);
        printf("请输入学生英语成绩：");
        scanf("%d", &students[*count].englishScore);
        printf("请输入学生计算机成绩：");
        scanf("%d", &students[*count].computerScore);

        (*count)++;
    }

    void listStudents(struct Student* students, int count) {
        // 打印学生信息列表
        printf("学生资料列表：\n");
        printf("序号\t姓名\t学号\t地址\t高数成绩\t英语成绩\t计算机成绩\n");
        for (int i = 0; i < count; i++) {
    printf("%d\t%s\t%d\t%s\t%d\t\t%d\t\t%d\n",i+1,students[i].name,students[i].studentId,students[i].address,students[i].mathScore,students[i].englishScore,students[i].computerScore);

        }
    }

    void findStudent(struct Student* students, int count, char* name) {
```

```c
        // 查找学生信息并打印
        printf(" 查找结果 :\n");
        printf(" 姓名 \t 学号 \t 地址 \t 高数成绩 \t 英语成绩 \t 计算机成绩 \n");
        for (int i = 0; i < count; i++) {
            if (strcmp(students[i].name, name) == 0) {
   printf("%s\t%d\t%s\t%d\t\t%d\t\t%d\n",students[i].name,students[i].studentId,students[i].address,students[i].mathScore,students[i].englishScore,students[i].computerScore);

            }
        }
    }

    void deleteStudent(struct Student* students, int* count, char* name) {
        // 删除学生信息
        for (int i = 0; i < *count; i++) {
            if (strcmp(students[i].name, name) == 0) {
                for (int j = i; j < *count - 1; j++) {
                    students[j] = students[j+1];
                }
                (*count)--;
                break;
            }
        }
    }

    void sortByTotalScore(struct Student* students, int count) {
        // 按总分排序
        for (int i = 0; i < count - 1; i++) {
            for (int j = 0; j < count - i - 1; j++) {
                int totalScore1 = students[j].mathScore + students[j].englishScore + students[j].computerScore;
                int totalScore2 = students[j+1].mathScore + students[j+1].englishScore + students[j+1].computerScore;
                if (totalScore1 < totalScore2) {
                    struct Student temp = students[j];
                    students[j] = students[j+1];
```

```c
                students[j+1] = temp;
            }
        }
    }

    // 打印排序后的学生信息
    printf(" 按总分排序后的学生资料列表 :\n");
    printf(" 序号 \t 姓名 \t 学号 \t 地址 \t 高数成绩 \t 英语成绩 \t 计算机成绩 \n");
    for ( i = 0; i < count; i++) {
        printf("%d\t%s\t%d\t%s\t%d\t\t%d\t\t%d\n",i+1,students[i].name,students[i].studentId,students[i].address,students[i].mathScore,students[i].englishScore,students[i].computerScore);
    }
}

int main( ) {
    int count = 0;
    struct Student* students = (struct Student*)malloc(sizeof(struct Student) * 100);

    while (1) {
        printf(" 学生基本信息管理系统 :\n");
        printf("1. 添加学生资料 \n");
        printf("2. 列表显示学生资料 \n");
        printf("3. 查找学生信息 \n");
        printf("4. 删除记录 \n");
        printf("5. 按总分进行排序 \n");
        printf("6. 关闭系统 \n");

        int choice;
        scanf("%d", &choice);

        if (choice == 1) {
            addStudent(students, &count);
        } else if (choice == 2) {
            listStudents(students, count);
        } else if (choice == 3) {
            printf(" 请输入要查找的学生姓名 : ");
```

```
            char name[50];
            scanf("%s", name);
            findStudent(students, count, name);
        } else if (choice == 4) {
            printf("请输入要删除的学生姓名：");
            char name[50];
            scanf("%s", name);
            deleteStudent(students, &count, name);
        } else if (choice == 5) {
            sortByTotalScore(students, count);
        } else if (choice == 6) {
            break;
        } else {
            printf("无效的命令，请重新选择。\n");
        }
    }

    free(students);
    return 0;
}
```

四、编译运行程序

编写程序后，运行程序结果如图 9-1 所示。

图 9-1 "学生基本信息管理系统"运行界面

（一）输入、添加学生资料

键盘按按数字【1】键，进入输入、添加学生资料操作，如图 9-2 所示，依次输入学生的姓名，学号，地址，高数，英语，计算机的成绩。根据提示输入："王国强 100001 河北 87 89 88"，完成一个学生的信息输入后，再次按数字【1】录入下一位学生信息。

图 9-2　输入、添加学生资料

（二）显示学生资料

键盘按数字【2】键，显示输入的所有学生资料，如图 9-3 所示。

图 9-3　显示学生资料

（三）查找学生

键盘按按数字【3】键，出现"请输入要查找的学生姓名："，系统会查找该学生，就会显示学生的资料，如图 9-4 所示。

图 9-4　查找学生

（四）删除记录

键盘按数字【4】键，进入删除记录操作，如图 9-5 所示。

图 9-5　删除记录

（五）按总分进行排序

键盘按数字【5】键，进入按总分进行排序操作，如图 9-6 所示。

```
按总分排序后的学生资料列表：
序号  姓名   学号     地址  高数成绩    英语成绩    计算机成绩
1    李四   100005   河南  99         98         100
2    张三   100004   山东  97         98         90
3    王国强  100001   河北  87         89         88
4    王建国  100002   河南  87         89         88
```

图9-6　按总分进行排列

（六）退出程序

键盘按数字【6】键，退出程序。

实训与练习

编写一个程序，实现员工信息管理系统。

附录 A　学习 C 语言中常出现的错误

C 语言的特点是：功能强、使用方便灵活。C 编译的程序对语法检查并不像其他高级语言那么严格，对初学 C 语言的人来说，经常会出现不知道错在哪里的错误。看着有错的程序，不知该如何改起，本附录积累了一些 C 编程时常犯的错误，写给读者以供参考。

1．书写标识符时，忽略了大小写字母的区别

编译程序把 a 和 A 认为是两个不同的变量名，而显示出错信息。C 语言认为大写字母和小写字母是两个不同的字符。习惯上，符号常量名用大写，变量名用小写表示，以增加可读性，例如。

```
main()
{
int a=5;
printf("%d",A);
}
```

2．忽略了变量的类型，进行了不合法的运算

% 是求余运算，得到 a/b 的整余数。整型变量 a 和 b 可以进行求余运算，而实型变量则不允许进行"求余"运算，例如。

```
main()
{
float a,b;
printf("%d",a%b);
}
```

3．将字符常量与字符串常量混淆

字符常量是由一对单引号括起来的单个字符，字符串常量是一对双引号括起来的字符序列。C 规定以"\"作字符串结束标志，它是由系统自动加上的，所以字符串"a"实际上包含两个字符：'a' 和 '\'，而把它赋给一个字符变量是不行的，例如。

```
char c;
c="a";
```

4. 忽略了"="与"=="的区别

在许多高级语言中,用"="符号作为关系运算符"等于"。但C语言中,"="是赋值运算符,"=="是关系运算符,例如。

```
if(a==3)a=b;
```

前者是进行比较,a是否和3相等,后者表示如果a和3相等,把b值赋给a。由于习惯问题,初学者往往会犯这样的错误。

5. 忘记加分号

分号是C语句中不可缺少的一部分,语句末尾必须有分号,例如。

```
a=1
b=2
```

编译时,编译程序在"a=1"后面没发现分号,就把下一行"b=2"也作为上一行语句的一部分,这就会出现语法错误。改错时,有时在被指出有错的一行中未发现错误,就需要看一下上一行是否漏掉了分号,例如。

```
{ z=x+y;
t=z/100;
printf("%f",t);
}
```

对于复合语句来说,最后一个语句中最后的分号不能忽略不写。

6. 多加分号

复合语句的花括号后不应再加分号,否则将会画蛇添足,例如。

```
{ z=x+y;
t=z/100;
printf("%f",t);
};
```

例如:

```
if(a%3==0);
I++;
```

本是如果3整除a,则I加1。但由于if(a%3==0)后多加了分号,则if语句到此结束,程序将执行I++语句,不论3是否整除a,I都将自动加1。

例如：

```
for(I=0;I<5;I++);
{scanf("%d",&x);
printf("%d",x);}
```

本意是先后输入 5 个数，每输入一个数后再将它输出。由于 for（ ）后多加了一个分号，使循环体变为空语句，此时只能输入一个数并输出它。

7．输入变量时忘记加地址运算符"&"

```
int a,b;
scanf("%d%d",a,b);
```

这是不合法的。scanf 函数的作用是：按照 a、b 在内存的地址将 a、b 的值存进去。"&a"指 a 在内存中的地址。

8．输入数据的方式与要求不符

```
scanf("%d%d",&a,&b);
```

输入时，不能用逗号作两个数据间的分隔符，如下面输入不合法。

```
3,4
```

输入数据时，在两个数据之间以一个或多个空格间隔，也可用回车键，跳格键 tab。

```
scanf("%d,%d",&a,&b);
```

C 语音规定如果在"格式控制"字符串中除了格式说明以外还有其他字符，则在输入数据时应输入与这些字符相同的字符。下面输入是合法的。

```
3,4
```

不用逗号而用空格或其他字符是不对的，例如。

```
scanf("a=%d,b=%d",&a,&b);
```

输入应如以下形式。

```
a=3,b=4
```

9. 输入字符的格式与要求不一致

在用"%c"格式输入字符时,"空格字符"和"转义字符"都作为有效字符输入。

```
scanf("%c%c%c",&c1,&c2,&c3);
```

例如输入 a b c,字符"a"送给 c1,字符" "送给 c2,字符"b"送给 c3,因为 %c 只要求读入一个字符,后面不需要用空格作为两个字符的间隔。

10. 输入输出的数据类型与所用格式说明符不一致

例如:a 已定义为整型,b 定义为实型。

```
a=3;b=4.5;
printf("%f%d\n",a,b);
```

编译时不给出出错信息,但运行结果将与原意不符。这种错误需要注意。

11. 输入数据时,企图规定精度

```
scanf("%7.2f",&a);
```

这样做是不合法的,输入数据时不能规定精度。

12. switch 语句中漏写 break 语句

例如:根据考试成绩的等级打印出百分制数段。

```
switch(grade)
{ case 'A':printf("85～100\n");
case 'B':printf("70～84\n");
case 'C':printf("60～69\n");
case 'D':printf("<60\n");
default:printf("error\n");
}
```

由于漏写了 break 语句,case 只起标号的作用,而不起判断作用。当 grade 值为 A 时,printf 函数在执行完第 1 个语句后接着执行第 2、3、4、5 个 printf 函数语句。正确写法应在每个分支后再加上"break;"。例如。

```
case 'A':printf("85～100\n");break;
```

13. 忽视了 while 和 do-while 语句在细节上的区别

(1) while。

```
 main()
{int a=0,I;
scanf("%d",&I);
while(I<=10)
{a=a+I;
I++;
}
printf("%d",a);
}
```

(2) do—while。

```
main()
{int a=0,I;
scanf("%d",&I);
do
{a=a+I;
I++;
}while(I<=10);
printf("%d",a);
}
```

可以看到，当输入 I 的值小于或等于 10 时，二者得到的结果相同。而当 I>10 时，二者结果就不同了。因为 while 循环是先判断后执行，而 do-while 循环是先执行后判断。对于大于 10 的数 while 循环一次也不执行循环体，而 do-while 语句则要执行一次循环体。

14. 定义数组时误用变量

```
int n;
scanf("%d",&n);
int a[n];
```

数组名后用方括号括起来的是常量表达式，可以包括常量和符号常量。C 语言不允许对数组的大小作动态定义。

15. 在定义数组时，将定义的"元素个数"误认为是可使的最大下标值

```
main()
{static int a[10]={1,2,3,4,5,6,7,8,9,10};
printf("%d",a[10]);
}
```

C 语言规定定义时用 a[10]，表示 a 数组有 10 个元素。其下标值由 0 开始，所以数组元素 a[10] 是不存在的。

16. 初始化数组时，未使用静态存储

```
int a[3]={0,1,2};
```

这样初始化数组不正确。C 语言规定只有静态存储（static）数组和外部存储（exterm）数组才能初始化。应改为。

```
static int a[3]={0,1,2};
```

17. 在不应加地址运算符 & 的位置加了地址运算符

```
scanf("%s",&str);
```

C 语言编译系统对数组名的处理是，数组名代表该数组的起始地址，且 scanf 函数中的输入项是字符数组名，不必要再加地址符 &，应改为。

```
scanf("%s",str);
```

18. 同时定义了形参和函数中的局部变量

```
int max(x,y)
int x,y,z;
{z=x>y?x:y;
return(z);
}
```

形参应该在函数体外定义，而局部变量应该在函数体内定义，应改为。

```
int max(x,y)
int x,y;
{int z;
z=x>y?x:y;
return(z);
}
```

附录 B 全国计算机二级考试 C 语言程序设计考试大纲

（2023 年版）

基本要求

1．熟悉 Visual C++ 集成开发环境。
2．掌握结构化程序设计的方法，具有良好的程序设计风格。
3．掌握程序设计中简单的数据结构和算法并能阅读简单的程序。
4．在 Visual C++ 集成环境下，能够编写简单的 C 程序，并具有基本的纠错和调试程序的能力。

考试内容

一、C 语言程序的结构

1．程序的构成，main 函数和其他函数。
2．头文件，数据说明，函数的开始和结束标志以及程序中的注释。
3．源程序的书写格式。
4．C 语言的风格。

二、数据类型及其运算

1．C 的数据类型（基本类型，构造类型，指针类型，无值类型）及其定义方法。
2．C 运算符的种类、运算优先级和结合性。
3．不同类型数据间的转换与运算。
4．C 表达式类型（赋值表达式，算术表达式，关系表达式，逻辑表达式，条件表达式，逗号表达式）和求值规则。

三、基本语句

1．表达式语句，空语句，复合语句。
2．输入输出函数的调用，正确输入数据并正确设计输出格式。

四、选择结构程序设计

1．用 if 语句实现选择结构。
2．用 switch 语句实现多分支选择结构。
3．选择结构的嵌套。

五、循环结构程序设计

1．for 循环结构。
2．while 和 do-while 循环结构。
3．continue 语句和 break 语句。
4．循环的嵌套。

六、数组的定义和引用

1．一维数组和二维数组的定义、初始化和数组元素的引用。
2．字符串与字符数组。

七、函数

1．库函数的正确调用。
2．函数的定义方法。
3．函数的类型和返回值。
4．形式参数与实际参数，参数值的传递。
5．函数的正确调用，嵌套调用，递归调用。
6．局部变量和全局变量。
7．变量的存储类别（自动，静态，寄存器，外部），变量的作用域和生存期。

八、编译预处理

1．宏定义和调用（不带参数的宏，带参数的宏）。
2．"文件包含"处理。

九、指针

1．地址与指针变量的概念，地址运算符与间址运算符。
2．一维、二维数组和字符串的地址以及指向变量、数组、字符串、函数、结构体的指针变量的定义。通过指针引用以上各类型数据。
3．用指针作函数参数。
4．返回地址值的函数。
5．指针数组，指向指针的指针。

十、结构体（即"结构"）与共同体（即"联合"）

1．用 typedef 说明一个新类型。
2．结构体和共用体类型数据的定义和成员的引用。
3．通过结构体构成链表，单向链表的建立，结点数据的输出、删除与插入。

十一、位运算

1．位运算符的含义和使用。
2．简单的位运算。

十二、文件操作

只要求缓冲文件系统（即高级磁盘 I/O 系统），对非标准缓冲文件系统（即低级磁盘 I/O 系统）不要求。

1．文件类型指针（FILE 类型指针）。
2．文件的打开与关闭（fopen，fclose）。

3．文件的读写（fputc，fgetc，fputs，fgets，fread，fwrite，fprintf，fscanf 函数的应用），文件的定位（rewind，fseek 函数的应用）。

考试方式

上机考试，考试时长 120 分钟，满分 100 分。

1．题型及分值

单项选择题 40 分（含公共基础知识部分 10 分）。

操作题 60 分（包括程序填空题、程序修改题及程序设计题）。

2．考试环境

操作系统：中文版 windows7。

开发环境：Microsoft Visual C++ 2010 学习版。

附录 C　全国计算机等级考试二级公共基础知识考试大纲（2023 年版）

基本要求

1．掌握计算机系统的基本概念，理解计算机硬件系统和计算机操作系统。
2．掌握算法的基本概念。
3．掌握基本数据结构及其操作。
4．掌握基本排序和查找算法。
5．掌握逐步求精的结构化程序设计方法。
6．掌握软件工程的基本方法，具有初步应用相关技术进行软件开发的能力。
7．掌握数据库的基本知识，了解关系数据库的设计。

考试内容

一、计算机系统

1．掌握计算机系统的结构。
2．掌握计算机硬件系统结构，包括 CPU 的功能和组成，存储器分层体系，总线和外部设备。
3．掌握操作系统的基本组成，包括进程管理、内存管理、目录和文件系统、I/O 设备管理。

二、基本数据结构与算法

1．算法的基本概念；算法复杂度的概念和意义（时间复杂度与空间复杂度）。
2．数据结构的定义；数据的逻辑结构与存储结构；数据结构的图形表示；线性结构与非线性结构的概念。
3．线性表的定义；线性表的顺序存储结构及其插入与删除运算。
4．栈和队列的定义；栈和队列的顺序存储结构及其基本运算。
5．线性单链表、双向链表与循环链表的结构及其基本运算。
6．树的基本概念；二叉树的定义及其存储结构；二叉树的前序、中序和后序遍历。
7．顺序查找与二分法查找算法；基本排序算法（交换类排序，选择类排序，插入类排序）。

三、程序设计基础

1．程序设计方法与风格。

2．结构化程序设计。

3．面向对象的程序设计方法，对象，方法，属性及继承与多态性。

四、软件工程基础

1．软件工程基本概念，软件生命周期概念，软件工具与软件开发环境。

2．结构化分析方法，数据流图，数据字典，软件需求规格说明书。

3．结构化设计方法，总体设计与详细设计。

4．软件测试的方法，白盒测试与黑盒测试，测试用例设计，软件测试的实施，单元测试、集成测试和系统测试。

5．程序的调试，静态调试与动态调试。

五、数据库设计基础

1．数据库的基本概念：数据库，数据库管理系统，数据库系统。

2．数据模型，实体联系模型及E－R图，从E－R图导出关系数据模型。

3．关系代数运算，包括集合运算及选择、投影、连接运算，数据库规范化理论。

4．数据库设计方法和步骤：需求分析、概念设计、逻辑设计和物理设计的相关策略。

考试方式

1．公共基础知识不单独考试，与其他二级科目组合在一起，作为二级科目考核内容的一部分。

2．上机考试，10道单项选择题，占10分。

参考文献

［1］朱益江．C语言程序设计项目化教程［M］．2版．武汉：华中科技大学出版社，2022．

［2］匡泰，朱莉莉．C语言程序设计项目式教程［M］．北京：电子工业出版社，2022．

［3］谭浩强．C程序设计［M］．4版．北京：清华大学出版社，2012．